环境监测与环境管理

黄功跃　著

云南出版集团公司
云南科技出版社
·昆明·

图书在版编目（CIP）数据

环境监测与环境管理 / 黄功跃著. -- 昆明 : 云南科技出版社, 2017.12（2021.7重印）
ISBN 978-7-5416-9742-5

Ⅰ. ①环… Ⅱ. ①黄… Ⅲ. ①环境监测②环境管理 Ⅳ. ①X83②X32

中国版本图书馆CIP数据核字(2017)第319989号

环境监测与环境管理

黄功跃 著

责任编辑：王建明 蒋朋美
责任校对：张舒园
责任印制：蒋丽芬
封面设计：张明亮

书 号：978-7-5416-9742-5
印 刷：长春市墨尊文化传媒有限公司
开 本：880mm×1230mm 1 / 32
印 张：6.625
字 数：260千字
版 次：2020年8月第1版 2021年7月第2次印刷
定 价：50.00元

出版发行：云南出版集团公司云南科技出版社
地址：昆明市环城西路609号
网址：http://www.ynkjph.com/
电话：0871-64190889

作者简介

黄功跃，环境监测高级工程师、国家环境监测“三五”人才之“技术骨干”，毕业于云南农业大学环境科学专业。三十多年来一直从事环境监测工作，熟悉环境保护的法律法规、环境监测的各种标准、方法、规范等，长期从事环境监测工作并参与环境管理的技术工作，积累了大量的环境监测和环境管理经验。已进入云南省环境监测专家库、文山州环保专家库，参与评审过上千份的环评报告、环保项目、排污口论证、地质灾害报告、科研报告、政府采购项目、科研项目等，作为专家每年参与文山州专业技术中级职称评审。组织编写每年度和五年度《文山州环境质量报告书》，其中八五环境质量报告书获文山州科技进步三等奖。

前　言

党的十九大把生态文明建设纳入中国特色社会主义事业总体布局，提出建设美丽中国的宏伟目标。环境保护作为生态文明建设的主阵地和根本措施，迎来了难得的发展机遇。

党中央、国务院高度重视环境保护，各地区、各部门把环境保护摆在更加重要的战略位置，“十二五”环保工作取得显著成绩，环境质量有所改善，“十三五”环保工作也在有序进行。“十二五”污染减排任务超额完成，成为贯彻落实科学发展观的一大亮点。我国在环境监测工作开展的初期，就开始有组织地开展环境监测工作。随着监测技术和质量管理体系的发展，我国环境监测工作开始步入制度化和规范化的发展轨道。环境保护事业越是快速发展，越离不开牢固的基础。环境监测作为环保工作的重要基础，是一项系统而复杂的科学技术活动，其直接目的是获取具有代表性、准确性、精确性、可比性和完整性的环境信息，为科学的环境管理工作服务。

从人类认识产生环境问题根源的各个发展阶段来看，人类将自身异化于自然环境，以自己为主体，完全按照自己的尺度和意志对自然界中的一切事物进行强权统治和随意操纵，这种存在于人类思想深处的不正确的自然观和人—地关系是当前环境问题产生的根本原因。所以，通过对可持续发展思想的传播，改变人类的发展观、价值观等观念，才是解决环境问题的根本途径。环境管理就是一种承担这一责任，并运用科学的管理手段，对人类作用于环境的各种行为加以管理的重要手段和方法。

中国共产党要求各级环保部门要高度重视环境监测事业发展，在科学、规范和有效等方面狠下功夫，坚持以探索中国环保新道路为统领，着力理顺环保系统和其他部门、环保系统内部各部门和环保监测系统上下级关系，建设先进的环境监测预警体系，做到说得清污染源状况、说得清环境质量现状及其变化趋势、说得清潜在的环境风险。同时，环境管理的思想与方法也经历了以污染治理为主的技术手段，以经济刺激为主的经济手段，以协调经济发展与环境保护关系为主的可持续发展思想的发展变化。要真正做到保护环境，就需要建立完整和谐、科学高效的环境监测政策法规制度，推进全国环境监测管理“一盘棋”，需要将环境监测与环境管理有机结合，共同促进环境质量的提高。

本书着眼于环境监测和环境管理两方面，论述了环境监测的基本概念，以及水、大气、土壤、噪声等方面的环境监测和评价，介绍了开展环境管理的一些手段，分析了城市和农村的环境管理实践，探究了环境管理与环境监测之间的关系。以环境监测与环境管理的有机结合推动有关环境管理水平的提高和环境质量的改善。

本书的论述注重理论联系实际，在开展水、大气、土壤、噪声等方面的环境监测和评价的论述时，非常注重理论的实践性和可操作性。本书的结构安排严谨，分上下篇进行论述，并注重上下篇之间内容的联系。本书的论述凸显科学性，在坚持科学理论的指导过程中，将现代化的科学监测和分析方法引进来，这也是注重实践性的体现。

本书非常适合环境监测专业的学生阅读和学习，环境监测和管理领域的专家学者也可参考本书开展研究和管理工作。

目　录

上篇　环境监测

环境监测是环境科学的一个重要分支，是在环境分析的基础上发展起来的一门学科。环境监测是运用各种分析、测试手段，对影响环境质量的代表值进行测定，取得反映环境质量或环境污染程度的各种数据的过程。环境监测的目的是运用监测数据表示环境质量受损程度，探讨污染的起因和变化趋势。因此，可以将环境监测比喻为环境保护工作的“耳目”。环境监测在人类防治环境污染，解决现存的或潜在的环境问题，改善生活环境和生态环境，协调人类和环境的关系，最终实现人类的可持续发展的活动中起着举足轻重的作用。

第一章　环境监测基本概念

环境监测是环境科学中一门十分重要的分支学科。环境科学中所有其他分支学科如环境化学、环境物理学、环境地学、环境工程学、环境医学、环境管理学、环境经济学以及环境法学等都离不开环境监测这一项基础工作。只有适时、准确地对污染物等进行监测才能够掌握环境质量状况及其发展变化趋势等，为其他环境科学分支提供准确的基础数据。

第一节 环境监测

一、环境监测的发展

环境监测这门环境分支学科从产生发展到现在大体上可分为三个阶段：

第一阶段为污染监测阶段或称被动监测阶段。20世纪世界许多国家为弥补战争所造成的损失、快速恢复国力而大力发展生产，因此也造成了许多的污染事故，这些事故主要是由有毒有害的化学物质所造成的，由此产生了针对环境样品进行化学分析以确定其组成和含量的环境分析。

第二阶段为环境监测阶段，也称主动监测或目的监测阶段。随着社会的发展，人们逐步认识到不仅仅是化学因素，诸如噪声、光、热、电磁辐射及放射性等物理因素也同样能够影响环境的质量，而化学因素中某一化学毒物的含量仅是影响环境质量的因素之一，环境中各种污染物之间、污染物与其他物质、其他因素之间还存在着相加和拮抗作用，所以简单的环境分析是不能够综合反映环境质量状况的。为此环境监测手段从单一的化学监测发展到包括化学、物理及生物等在内的综合监测，同时监测范围也从点污染的监测发展到面污染以及区域性的监测。

第三阶段称为污染防治监测阶段或自动监测阶段。计算机和程控技术的利用使得环境监测技术得以飞速发展，许多发达国家相继建立了自动连续监测系统，数据的传输、处理等更加迅速准确，可在极短时间内了解到大气、水体污染浓度的变化，预测预报未来环境质量等。

二、现代环境监测的内容

环境监测的内容很多，但对有毒有害化学物质的监测和控制依然是环境监测的重点。目前世界上已知的化学物质已达 2 400 万种之多，其中有 10 余万种的化学物质进入了环境。因此，无论是从人力、物力、财力还是从化学物质的危害程度以及出现频率的实际情况看，人们不可能也没必要对每一种化学物质进行监测和控制，只能有重点、有针对性地对部分污染物进行监测和控制。这就要求对这些污染物进行分类，筛选出危害性大、在环境中出现频率高的污染物作为监测和控制的对象。这些经过选择的污染物称为环境优先污染物，简称优先污染物。而对优先污染物进行的监测称为优先监测。

原则上讲，凡是在环境中难以降解、出现频率较高、具有生物积累性且毒性较大的化学物质都应列为环境优先污染物，但是确定优先污染物还应考虑是否具有相对可靠的测试手段和分析方法以及是否已有环境标准或评价标准等技术因素。

美国和苏联是世界上最早开展优先监测的国家，如美国早在 20 世纪 70 年代中期，就在“清洁水法”中明确规定了 129 种优先污染物，其后又提出了 43 种空气优先污染物名单。

中国也提出了“中国环境优先污染物黑名单”，包括卤代烃类、苯系物、氯代苯类、多氯联苯类、酚类、硝基苯类、苯胺类、多环芳烃类、酞酸酯类、农药、丙烯腈、亚硝胺类、氰化物、重金属及其化合物等共 14 种化学类别，所包括的污染物共有 68 种，其中有机物 58 种，无机物 10 种。

在实际监测工作中要视具体情况有所增减和选择，如对饮用水源进行监测时应优先监测主要影响健康的项目，对农田灌溉和渔业用水进行监测时则应优先安排毒物的监测，对交通干线的监测则应优先对一氧化碳、总烃及氮氧化物等进行监测。目前我国环境监测中实际监测的项目大体上包括大气监测 12 项，水监测 35 项，生物监测 4 项，噪声监测 4 项，其他污染监测 5 项。

三、环境监测技术

环境监测技术包括采样技术、测试技术和数据处理技术等内容，其中尤以测试技术最为重要，目前应用较多的测试技术有化学分析法、仪器分析法和生物监测技术等。

（一）化学分析法

化学分析法是以化学反应为基础的一种分析方法，分为质量法和滴定法两种。

1. 质量分析法

该法是通过滤膜（滤纸）过滤、恒重、用天平称量的一种分析方法，结果准确度较高，但操作较繁琐、费时，它主要用于空气中的悬浮物、水中悬浮物及残渣等的测定。

2. 滴定分析法

包括酸碱滴定法、络合滴定法、沉淀滴定法和氧化还原滴定法等，方法简便，准确度高，不需贵重的仪器设备，是一种十分重要的分析方法，主要用于水中化学需氧量、生化需氧量、溶解氧、硫化物、氰化物、氨氮等的测定。

（二）仪器分析法

仪器分析是以物理和物理化学方法为基础的分析方法。该法具有快速、灵敏、准确等特点，在环境监测中占有重要的地位。常用的方法有光谱分析法、色谱分析法、电化学分析法、放射分析法和流动注射分析法等。

目前，仪器分析法被广泛用于对环境中污染物的定性和定量分析中。如分光光度法常用于测定金属、无机非金属等污染物；气相色谱法常用于有机污染物的测定；而紫外光谱、红外光谱、质谱及核磁共振等技术则主要用于污染物的状态和结构的分析中。

此外，还有一些专项的环境分析仪器，如浊度计、溶解氧测定仪、COD 测定仪、BOD 测定仪、TOC 测定仪等。

（三）生物监测技术

这是利用植物和动物在污染的环境中所产生的各种反映信息来判断环境质量的方法，是一种最直接的综合方法。

生物监测包括生物体内污染物含量的测定；观察生物在环境中受伤害症状；生物的生理生化反应；生物群落结构和种类变化等手段来判断环境质量。例如，利用某些对特定污染物敏感的植物或动物（指示生物）在环境中受伤害的症状，可以对环境污染做出定性和定量的判断。

目前环境监测技术发展很快，日新月异，各国的环境监测及化学分析工作者都在努力利用新的仪器开发一系列新的监测技术和方法。如 GC-AAS（气相色谱 - 原子吸收光谱）联用仪、GC-MS（气相色谱—质谱）联用仪、GC-FTHR（气相色谱－傅里叶红外光谱）联用仪等使两项原本独立的技术互促互补，扬长避短，在环境监测中发挥更大的作用。

遥感技术、连续自动监测技术、数据处理与传输的计算机化技术等大型化、连续化和自动化的监测技术的发展也十分迅速。

与此同时，小型便携式、简易快速的监测仪器的研究也十分重要，发展较快。如在污染突发事故的现场，瞬时造成很大的伤害，但由于空气扩散和水体流动，污染物浓度的变化十分迅速，这时大型仪器无法使用，而便携式和快速测定仪就显得十分重要。同样在野外的监测中，这种便携式、快速测定仪也是十分必要的。

四、环境监测的程序

环境监测是一项复杂而严肃的工作，要想保证监测数据的准确、可比、可靠，必须进行周密计划，精心设计，科学安排，严格按照一定的程序组织实施。

环境监测的程序一般包括如下几个工作过程，即现场调查、监测计划设计、样品采集、样品运输与保存、分析测试、数据处理和综合评价等。

（一）现场调查

根据监测目的要求进行调查，内容包括主要污染物的来源、性质及排放规律，污染受体（居民、机关、学校、农田、水体、森林等）的性质，受体与污染源的相对位置（方位与距离），水文、地理、气象等环境条件和有关历史情况，等。

（二）监测计划设计

根据监测目的要求和现场调查材料，确定监测的范围和项目、采样点的数目及位置、采样时间和频率、样品如何运输与保存、监测人员、测试方法等。

（三）样品采集

按规定的操作程序和确定的采样时间、频率采集样品，并如实记录采样实况，将采集的样品和记录及时送往实验室。

（四）样品运输与保存

为尽可能降低样品的变化，在采样后针对样品的不同情况和待测物特性实施保护措施，并力求缩短运输时间，尽快将样品送到实验室进行分析。

（五）分析测试

按照国家规定的分析方法和技术规范进行。

（六）数据处理

根据分析记录将测得的数据进行处理和统计，检验计算污染物浓度等，然后整理出报告表。

（七）综合评价

依据国家规定的有关标准，进行单项或综合评价，并结合现场的调查资料对数据做出合理解释，写出综合研究报告。

第二节　环境监测及评价标准

一、环境标准体系

我国的环境标准化工作是与我国环保事业同步发展的。1973 年第一次全国环保工作会议是我国环保工作的起步时间，颁布的《工业“三废”排放试行标准》是我国发布的第一个环境标准。1979 年颁布了《中华人民共和国环境保护法（试行）》，法律中明确规定了环境标准的制（修）订、审批和实施权限，使环境标准工作有了法律依据和保证，从此我国环境标准工作有了较大进展。经过30多年的环境标准化建设，我国已建立了包括国家和地方两级标准在内的较为完备的国家环境标准体系。环境标准的范围涵盖环境质量标准、污染物排放（控制）标准、监测方法标准、基础标准、标准样品标准以及各类技术规范、技术要求等多个方面。

环境标准体系是指所有环境标准的总和。

环境标准体系的构成，具有配套性和协调性。各种环境标准之间互相联系，互相依存，互相补充，互相衔接，互为条件，协调发展，共同构成一个统一的整体。

环境标准体系应具有一定的稳定性，但又不是一成不变的，它是与一定时期的科学技术和经济发展水平以及环境污染和破坏的状况相适应的。随着时间的推移、空间的变化、科技的进步和经济的发展以及环境保护的需要而不断地发展和变化。

按标准主管单位或行业有国家环保总局制定的国家和行业标准，水利部、建设部、卫生部制定的国家或行业标准，其他部委或行业制定的行业标准，等。我国已形成了种类比较齐全、结构基本完整的环境标准体系，可以满足现阶段环境执法和管理工作的需要。

二、环境标准的作用

环境标准对于环境保护工作具有“依据、规范、方法”三大作用，是政策、法规的具体体现，是强化环境管理的基本保证。其作用体现在以下几个方面：

1. 环境标准是执行环境保护法规的基本手段，又是制定环境保护法规的重要依据

我国已经颁布的《环境保护法》《大气污染防治法》《水污染防治法》《海洋环境保护法》和《固体废物污染环境防治法》等法

律中都规定了有关实施环境标准的条款。它们是环境保护法规原则规定的具体化，提高了执法过程的可操作性，为依法进行环境监督管理提供了手段和依据，并是一定时期内环境保护目标的具体体现。

2. 环境标准是强化环境管理的技术基础

环境标准是实施环境保护法律、法规的基本保证，是强化环境监督管理的核心。如果没有各种环境标准，法律、法规的有关规定就难以有效实施，强化环境监督管理也无实际保证。如“三同时”制度、排污申报登记制度、环境影响评价制度等都是以环境标准为基础建立并实施的。在处理环境纠纷和污染事故的过程中，环境标准是重要依据。

3. 环境标准是环境规划的定量化依据

环境标准用具体的数值来体现环境质量和污染物排放应控制的界限。环境标准中的定量化指标，是制定环境综合整治目标和污染防治措施的重要依据。根据环境标准，才能定量分析评价环境质量的优劣。依据环境标准，能明确排污单位进行污染控制的具体要求和程度。

4. 环境标准是推动科技进步的动力

环境标准反映着科学技术与生产实践的综合成果，是社会、经济和技术不断发展的结果。应用环境标准可进行环境保护技术的筛选评价，促进无污染或少污染的先进工艺的应用，推动资源和能源的综合利用等。

此外，大量的环境标准的颁布，对促进环保仪器设备以及样品采集、分析、测试和数据处理等技术方法的发展也起到了强有力的推动作用。

三、环境标准的分级和分类

环境标准体系是指根据环境标准的性质、内容和功能，以及它们之间的内在联系，将其进行分级、分类，构成一个有机统一的标准整体，其既具有一般标准体系的特点，又具有法律体系的特性。然而，世界上对环境标准没有统一的分类方法，可以按适用范围划分，按环境要素划分，也可以按标准的用途划分。应用最多的是按标准的用途划分，一般可分为环境质量标准、污染物排放标准和基础方法标准等；按标准的适用范围可分为国家标准、地方标准和环境保护行业标准；按环境要素划分，有大气环境质量标准、水质标准和水污染控制标准、土壤环境质量标准、固体废物标准和噪声控制标准等。其中对单项环境要素又可按不同的用途再细分，如水质标准又可分为生活饮用水卫生标准、地表水环境质量标准、地下水环境质量标准、渔业用水水质标准、农田灌溉水质标准、海水水质标准等。而环境质量标准和污染物排放标准是环境保护标准的核心组成部分，其他的监测方法、标准样品、技术规范等标准是为实施这两类标准而制定的配套技术工具。

目前我国已形成以环境质量标准和污染物排放标准为核心，以环境监测标准（环境监测方法标准、环境标准样品、环境监测技术规范）、环境基础标准（环境基础标准和标准制修订技术规范）和管理规范类标准为重要组成部分，由国家、地方两级标准构成的“两级五类”环境保护标准体系，纳入了环境保护的各要素、领域。

1. 国家环境保护标准

国家环境保护标准体现国家环境保护的有关方针、政策和规定。依据环境保护法，国务院环境保护主管部门负责制定国家环境质量标准，并根据国家环境质量标准和国家经济、技术条件，制定国家污染物排放标准。针对不同环境介质中有害成分含量、排放源污染物及其排放量制定的一系列针对性标准构成了我国的环境质量标准和污染物排放标准，环境保护法明确赋予其判别合法与否的功能，直接具有法律约束力。过去 40 多年也是我国的环境保护标准法律约束力不断增强的过程：20 世纪 70 年代计划经济时期，几乎无法可依；20 世纪 80~90 年代，《环境保护法》等法律原则性规定地方政府对辖区环境质量负责，并规定排放超标者应缴纳超标排污费；2000 年修订的《大气污染防治法》确立了排放标准“超标即违法”原则，“十一五”以来减排考核探索开展了对政府环境质量目标的考核，并在 2008 年修订的《水污染防治法》中得到进一步强化；2013 年最高人民法院、最高人民检察院出台关于环境污染罪的司法解释，将多次、多倍超标排放列为定罪量刑的条件；2014 年修订的《环境保护法》进一步加大了超质量、排放标准的问责力度，明确对污染企业罚款上不封顶。

环境监测标准、环境基础标准和管理规范类标准、配套质量排放标准由国务院环境保护部门履行统一监督管理环境的法定职责而具有不同程度、范围的法律约束力。国务院环境保护主管部门还将负责制定监测规范，会同有关部门组织监测网络，统一规划国家环境质量监测站（点）的设置，建立监测数据共享机制，加强对环境监测的管理。有关行业、专业等各类环境质量监测站（点）的设置应当符合法律法规规定和监测规范的要求。监测机构应当使用符合国家标准的监测设备，遵守监测规范。监测机构及其负责人对监测数据的真实性和准确性负责。

同时，国家鼓励开展环境基准研究。

2. 地方环境保护标准

根据环境保护法，省、自治区、直辖市人民政府对国家环境质量标准中未作规定的项目，可以制定地方环境质量标准；对国家环境质量标准中已作规定的项目，可以制定严于国家环境质量标准的地方环境质量标准。地方环境质量标准应当报国务院环境保护主管部门备案。地方人民政府对国家污染物排放标准中未作规定的项目，可以制定地方污染物排放标准；对国家污染物排放标准中已作规定的项目，可以制定严于国家污染物排放标准的地方污染物排放标准。地方污染物排放标准应当报国务院环境保护主管部门备案。地方污染物排放标准应当参照国家污染物排放标准的体系结构制定，可以是行业型污染物排放标准和综合型污染物排放标准。

截至 2016 年 12 月 31 日，我国已累计发布各类地方环境保护标准 300 余项，其中依法备案强制性地方环境保护标准 120 多项。如 2009 年上海市发布了地方标准《污水综合排放标准》（DB 31/199-2009），该标准规定了 94 个污染物项目的排放限值，其中第一类污染物 17 项，包括更严格的 A 类排放限值。

各地制定的地方标准优先于国家标准执行，体现了环境与资源管理的地方优先的管理原则。但各地除应执行各地相应标准的规定外，尚需执行国家有关环境保护的方针、政策和规定等。

国家环境保护标准尚未规定的环境监测、管理技术规范，地方可以制定试行标准，一旦相应的国家环保标准发布后这类地方标准即终止使命。地方环境质量标准和污染物排放标准中的污染物监测方法，应当采用国家环境保护标准。国家环境保护标准中尚无适用于地方环境质量标准和污染物排放标准中某种污染物的监测方法时，应当通过实验和验证，选择适用的监测方法，并将该监测方法列入地方环境质量标准或者污染物排放标准的附录，适用于该污染物监测的国家环境保护标准发布、实施后，应当按新发布的国家环境保护标准的规定实施监测。

我国现行的环境标准分为五类，下面分别简要介绍。

1. 环境质量标准

环境质量标准是为保护自然环境、人体健康和社会物质财富，对环境中有害物质和因素所做的限制性规定，而制定环境质量标准的基础是环境质量基准。所谓环境质量基准（环境基准），是指环境中污染物对特定保护对象（人或其他生物）不产生不良或者有害影响的最大剂量或浓度，是一个基于不同保护对象的多目标函数或一个范围值，如大气中 SO_2 年平均浓度超过 0.115 mg/m^3，对人体健康就会产生有害影响，这个浓度值就称为大气中 SO_2 的基准。因此，环境质量标准是衡量环境质量和制定污染物控制标准的基础，是环保政策的目标，也是环境管理的重要依据。

2. 污染物排放标准

污染物排放标准指为实现环境质量标准要求，结合技术经济条件和环境特点，对排入环境的有害物质和产生污染的各种因素所做的限制性规定。由于我国幅员辽阔，各地情况差别较大，因此不少省、市制定并报国家环境保护部备案了相应的地方排放标准。

3. 环境基础标准

环境基础标准指在环境标准化工作范围内，对有指导意义的符号、代号、图式、量纲、导则等所做的统一规定，是制定其他环境标准的基础。

4. 环境监测标准

环境监测标准是保障环境质量标准和污染物排放标准有效实施

的基础，其内容包含环境监测方法标准、环境标准样品和环境监测技术规范等。根据环境管理需求和监测技术的不断进步，以水、空气、土壤等环境要素为重点，积极鼓励采用先进的分析手段和方法，分步有序地完善该类标准的制定和修订，实验室验证工作还需同步进行，同时力求提高环境监测方法的自动化和信息化水平。

5. 环境管理类标准

结合环境管理需求，根据环境保护标准体系的特点，建立形成了管理规范类标准，为环境管理各项工作提供全面支撑。这类标准包括：建设项目和规划环境影响评价、饮用水源地保护、化学品环境管理、生态保护、环境应急与风险防范等各类环境管理规范类标准，还包含各类环境标准的实施机制与评估方法等，对现行各类管理规范类标准进行必要的制订和修订；通过及时掌握各行业先进技术动态与发展趋势，并参与全球环境保护技术法规相关工作等，不断推进我国环境保护标准与国际相关标准的接轨。

第三节　环境监测数据评价

环境监测的数据必然要经过科学化和专业化的评价和处理，才能用于决策。

一、数据的处理

（一）数据的修整

1. 有效数字

测量中实际能够测到的数字称为有效数字，一般由可靠数字和可疑数字两部分组成。在反复测量一个量时，其结果总是有几位数字固定不变，为可靠数字。可靠数字后面往往还有一位数字，在各平行测定中常常是不同的、可变的，这个数字往往是操作人员通过估计得到的，因此为可疑数字。例如，用滴定管进行滴定时，得到读数为 16.60 mL，这是四位有效数字，它不仅表明了试液的体积，也表明了最后一位数“0”是可疑的，有 ±0.01 mL 的误差，即试液的实际体积是在（16.60±0.01）mL 范围内的某一数值。

有效数字的位数不仅表示测量数值的大小，而且还表示测量结果的准确程度及仪器的精密程度。如上例中的测定值 16.60 mL，表示是用滴定管量取的体积，其精度可以达到小数点后两位，绝对误差为 ±0.01 mL，相对误差为 0.06%；但如果将测定值表示成 16.6 mL，则变成了三位有效数字，“6”是可疑数字，绝对误差为 ±0.1 mL，相对误差为 0.6%。可见，有效数字多写一位或少写一位能导致结果的准确度相差 10 倍。因此，测定结果的表示一定要正确反映仪器的精密程度，如分析天平称量可以读到小数点后四位，而台秤就只能读到小数点后两位，不能任意删减或增加。

测量结果中的“0”可以是有效数字，也可以不是有效数字，这与它在数字中的位置有关。例如：

0.0619 三位有效数字（第一个非零数字“6”前的“0”不是有效数字，只起定位作用，与所采用单位有关，与测量的精度无关）；

0.6019 四位有效数字（非零数字中间的“0”是有效数字）；

6.0190 五位有效数字（小数中最后一位非零数字后的“0”是有效数字）；

60 190 以零结尾的整数，有效数字位数无法明确，为避免混乱，应根据有效数字的准确度写成指数形式，如 6.0190×10^4（五位有效数字）或 6.019×10^4（四位有效数字）。

2. 数据的修约规则

在处理数据时，涉及的各测量值的有效数字位数可能不同，但各数据的误差都会传递到最终的分析结果中。为了保证结果的准确度，就要使每一个测量数据只有最后一位是可疑数字，即必须确定各测量值的有效数字位数，确定了有效数字位数后，要将多余的数字舍弃，这一过程就叫作数据的修约。规则如下：

（1）“4 舍 6 入”原则

准备舍弃的数字的最左一位如果小于或等于 4，则舍去；如果大于或等于 6，则进一。例如，将 16.641 修约为三位有效数字，为 16.6；将 16.661 修约为三位有效数字，为 16.7。

（2）“5”特殊原则

准备舍弃的数字的最左一位如果是 5，分别按如下情况修约。

①“5”后面如果无其他数字，或者有但都为“0”时，修约要看“5”前的那一位数，为奇数的进一，为偶数（包括零）的舍弃。

例如，将下列各数修约为三位有效数字，结果如下：

16.65 → 16.6

16.6500 → 16.6

16.5500 → 16.6

②“5”后面如果有数字且不全为零时，要进一。

例如，将下列各数修约为三位有效数字，结果如下：

16.651 → 16.7

16.6501 → 16.7

16.6510 → 16.7

数字修约时，只允许对原测量值一次修约到所需的位数，不能分次修约，例如，将 3.9461 修约为两位有效数字，不能

$3.9461 \rightarrow 3.946 \rightarrow 3.95 \rightarrow 4.0$，而应一次修约为 3.9。

3. 有效数字的运算

（1）加减法

几个数据相加减后的结果，其小数点后的位数应与各数据中小数点后位数最少的相同。例如，156.6+25.62+1.0811，其中数据 156.6 的小数点后位数最少，故结果应取 183.3。

（2）乘除法

几个数据相乘除后的结果，其有效数字的位数应与各数据中有效数字位数最少的数据相同。例如，$16.6 \times 21.02 \times 9.1181$，其中数据 16.6 的有效数字位数最少，故结果应取 3.18×10^3。

（3）乘方和开方

一个数据经乘方或开方后，其结果有效数字的位数与原数据的有效数字位数相同。例如，$1.69^2=2.8561$，修约为 2.86。

（4）取对数

在对数运算中，所得结果的小数点后位数（不包括首数）应与真数的有效数字位数相同。例如，当［H^+］$=5.3 \times 10^{-2}$ mol/L 时，pH 值等于 $-\lg$［H^+］$=-\lg$（5.3×10^{-2}）$=1.28$（两位有效数字）。pH 值一般保留一位或两位有效数字。

（5）常数和系数

在运算过程中，常数（如 π、e 等）和系数、倍数等非测量值，可认为其有效数字位数是无限的。在运算中可根据需要取任意位数，不影响运算结果。

（6）误差和偏差的表示

表示误差和偏差的数据，其有效数字通常取 1~2 位。

（二）可疑数据的取舍

与正常数据不是来自同一分布总体，明显歪曲实验结果的测量数据，称为离群数据。可能会歪曲实验结果，但尚未经检验断定其是离群数据的测量数据，称为可疑数据。在数据处理时，必须剔除离群数据以使测定结果更符合客观实际。正确数据总有一定分散性，如果人为地删去一些误差较大但并非离群的测量数据，由此得到精密度很高的测量结果并不符合客观实际。因此对可疑数据的取舍必须遵循一定的原则。

测量中发现明显的系统误差和过失误差，由此而产生的数据应随时剔除。而可疑数据的舍取应采用统计方法判别，即离群数据的统计检验。

二、监测结果的表达

1. 用算术均值（$\bar{x}$）代表集中趋势

测定过程中排除系统误差和过失误差后，只存在随机误差，根据正态分布的原理，当测定次数无限多（$n\to\infty$）时的总体均值（μ）应与真值（x_T）很接近，但实际只能测定有限次数。因此样本的算术均值是代表集中趋势表达监测结果的最常用方式。

2. 用算术平均值和标准偏差表示结果的精密度（$\bar{x} \pm S$）

算术均值是代表集中趋势，而标准偏差代表数据离散程度。标准偏差越大，表示数据越离散，精密度越差，算术均值的代表性越小；标准偏差越小，表示数据越集中，精密度越好，算术均值的代表性越大。因此监测中常以（$\bar{x} \pm S$）表示结果。

3. 平均值的置信区间

在系统误差已经消除的情况下，当测定次数趋于无限多时，随机误差的分布趋近于正态分布，各次测定结果的算术平均值就越接近于真值。但在实际工作中，测定次数总是有限的，得到的是样本平均值 $\bar{x}$ ，这样所得的平均值作为分析结果是不是可靠呢？在有限次测量中，合理地得到真值的方法应该是估计出有限次测量中平均值与真值的接近程度，即在测量值附近估算出真值可能存在的范围。这就引出了置信度和置信区间的问题。

置信度（P）就是人们对分析结果判断的有把握程度，它的实质仍然是某事件出现的概率（可能性），考察在测量值（x）附近某一范围内出现真值的把握性有多大。平均值的“置信区间”是指在一定的置信概率（置信度）条件下，以平均值为中心的可能包括有真值的范围。在此范围内，对平均值的正确性有一定程度的置信。可用下式来表示置信区间的大小。

$$\mu = \bar{x} \pm \frac{t_{\alpha \cdot f} \cdot s}{\sqrt{n}}$$

式中，$\bar{x}$——多次测量结果的平均值；

$t_{\alpha \cdot f}$——统计量；

α——显著性水平，$\alpha=1-P$；

f——自由度，$f=n-1$；

S——多次测量结果的标准偏差；

n——测定次数。

对于要求准确度较高的分析工作，提出分析报告时，不仅要给出分析结果的平均值，还要同时指出真值所在的范围（即置信区间）以及真值落在该范围内的几率（即置信度），用以说明分析结果的可靠程度。确定置信度不是一个单纯的数学问题。通常，置信度取的大，则置信区间也大，估计的把握性也大。然而，置信区间过大，估计的精度就差，反而没有实用价值，甚至造成浪费。做判断时置信度的高低应定得合适，处理分析数据时，通常取 95% 置信度。根据具体情况，有时也取 90% 或 99% 等置信度。

三、测量结果的统计检验

在环境监测中，我们经常会遇到这样一些问题，例如，测定值的总体均值是否等于真值？两种不同的测量方法的测试结果是否一致？不同实验室间的测量结果或不同仪器间的测量结果是否一致等，诸如此类的问题，如果没有客观的标准，人们往往会得出不同的结论。因此，必须采用统计的方法进行科学的比较，才能得出准确的结论。

在实际监测工作中对所研究的对象往往不完全了解，甚至完全不了解，所掌握的往往是从研究的总体中抽取的样本资料。为了全面了解事物的本质，我们总是希望从样本所提供的信息去推断总体情况。例如，两个不同的分析人员或不同的实验室对同一样品进行分析时，两组数据的平均结果存在较大的差异，这些分析结果的差异是由偶然误差引起的还是由它们之间存在系统误差呢？这就需要通过统计假设检验来判断。所谓统计假设检验也称为显著性检验，它是根据目的，先对样本所属总体特征做出某种假设，如假设某一总体指标等于某个值，然后根据实际得到的样本资料所提供的信息，通过一定的统计方法，检验所做的假设是否合理，从而对假设做出拒绝或不拒绝的判断。下面讨论均数比较的显著性检验 T 检验。

T 检验法的方法步骤：

（1）建立假设和确定检验水平；

（2）计算统计量 T 值；

（3）确定 P 值和做出推断结论。

当 $t < t_{0.05(n')}$，即 $P>0.05$，差别无显著意义；

当 $t < t_{0.05(n')} \leqslant t < t_{0.01(n')}$，即 $0.01 < P \leqslant 0.05$，差别有显著意义；

当 $t < t_{0.01(n')}$，即 $P \leqslant 0.01$，差别有非常显著意义。

应用条件：样本方差未知，当样本含量 n 较小时，要求样本取自正态总体。做两样本均数比较时还要求两个总体方差相当。

需要注意的是：假设检验得出的结论是概率性的，不是绝对的肯定和否定。

第二章　水和废水监测

水是生命之源，水也是地球表面层最丰富的物质，但由于分布不均，致使有的地区洪水泛滥成灾，有的地区又严重缺水。随着人口的增长，人类与水资源的相互作用已变得越来越关键了。人类在用水的过程中，又会受到各种形式的污染物的侵蚀而降低水质。治理水污染，保护水质已成为人类的重要工作内容之一。水环境监测可以为人类提供水质质量的科学数据和提供废水水质的科学数据，所以水和废水监测十分重要。

第一节 水质监测方案制订

监测方案是一项监测任务的总体构思和设计，它的制订主要取决于我们监测的目的，大致包括以下几个步骤：实地污染调查、研究；确定监测对象、监测项目；设计监测网点；合理安排采样时间、采样频率；选择采样方法和分析监测技术；提出监测报告要求，制订质量保证程序、措施和方案的实施计划；等。

本节以地下水质监测方案的制订为例进行论述。

储存在土壤和岩石空隙（孔隙、裂隙、溶隙）中的水称为地下水。地下水埋藏在地层不同的深度，相对地表水而言，其流动性和水质参数的变化比较缓慢，其方案的制订与地面水基本相同。

一、地下水的特征

地下水的形成主要取决于地质条件和自然地理条件。此外，人类活动对地下水也有一定影响。地质因素对地下水形成的影响，主要表现在岩石性质和结构方面；岩石和土壤空隙是地下水储存与运动的先决条件。自然地理条件中主要是气候、水文和地貌的影响最为显著。地下水的物理、化学性质随空间和时间而变化，地下水的化学成分和理化特性在循环运动过程中受气候、岩性和生物作用的影响，受补给条件和水运动强弱的约束。地下水化学成分的形成过程，实际上是一个不断变化的过程。

地下水按埋藏条件不同可分为潜水、承压水和自流水三类，也有分为上层滞水、潜水和自流水三类的；按含水层性质的差别，又分为孔隙水、裂隙水、岩溶水三类。欲采集有代表性的水样，应运用地理、地质、气象、水文、生态、环境等综合性的知识，并应首先考虑地下水的类型和下列因素：

1. 地下水流动较慢，所以水质参数的变化慢，一旦污染很难恢复，甚至无法恢复。

2. 地下水埋藏深度不同，温度变化规律也不同。近地表的地下水的温度受气温的影响，具有周期性变化，较深的年常温层中地下水温度比较稳定，水温变化不超过 0.1 ℃；但水样一经取出，其温度即可能有较大的变化。这种变化能改变化学反应速率，从而改变原来的化学平衡，也能改变微生物的生长速度。

3. 地下水所受压力较大，面对的环境条件与地面水不同，一旦取出，可溶性气体的溶入和逃逸，带来一系列的化学变化，改变水质状况。例如，地下水富含 H_2S，但溶解氧较低，取出后 H_2S 逃逸，大气中的 O_2 溶入，会发生一系列的氧化还原变化；水样吸收或放出 CO_2 可引起 pH 值变化。

4. 由于采水器的吸附或沾污及某些组分的损失，水样的真实性将受到影响。

二、基本资料的收集和调查研究

1. 收集、汇总监测区域的水文、地质、气象等方面的有关资料和以往的监测资料。如地质图、测绘图、剖面图、水井的成套参数、含水层、地下水补给、径流和流向，以及温度、湿度、降水量等。

2. 调查监测区域内城市发展、工业分布、资源开发、土地利用情况，尤其是地下工程规模、应用等；了解化肥及农药的施用面积、施用量；查清污水灌溉、排污、纳污和地表水污染现状。

3. 测量或查知水位、水深、以确定采水器和泵的类型、费用、采样程序。

4. 在完成以上调查的基础上，确定主要污染物和污染源，并根据地区特点和地下水的主要类型把地下水分成若干个水文地质单元。

三、采样点的设置

由于地质结构复杂，使地下水采样点的设置也变得复杂。自监测并采集的水样只代表含水层平行和垂直的一小部分，所以，必须合理地选择采样点。目前，地下水监测以浅层地下水（又称潜水）为主，应尽可能利用各水文地质单元中原有的水井（包括机井）。还可对深层地下水（也称承压水）的各层水质进行监测。孔隙水以第四纪为主；基岩裂隙水以监测泉水为主。

（一）背景值监测点的设置

背景值采样点应设在污染区的外围不受或少受污染的地方。对于新开发区，应在引入污染源之前设置背景值监测点。

（二）监测井（点）的布设

监测井布点时，应考虑环境水文地质条件、地下水开采情况、污染物的分布和扩散形式，以及区域水化学特征等因素。对于工业区和重点污染源所在地的监测井（点）布设，主要根据污染物在地下水中的扩散形式确定。例如，渗坑、渗井和堆渣区的污染物在含水层渗透性较大的地区易造成条带状污染；污灌区、污养区及缺乏卫生设施的居民区的污水渗透到地下易造成块状污染，此时监测井（点）应设在地下水流向的平行和垂直方向上，以监测污染物在两个方向上的扩散程度。渗坑、渗井和堆渣区的污染物在含水层渗透小的地区易造成点状污染，其监测井（点）应设在距污染源最近的地方。沿河、渠排放的工业废水和生活污水因渗漏可能造成带状污染，此时宜用网状布点法设置监测井。

一般监测井在液面下 0.3~0.5 m 处采样。若有间温层或多含水层分布，可按具体情况分层采样。

四、采样时间和采样频率的确定

1. 每年应在丰水期和枯水期分别采样监测；有条件的地方按地区特点分四季采样；已建立长期观测点的地方可按月采样监测。

2. 通常每一采样期至少采样监测 1 次；对饮用水源监测点，要求每一采样期采样监测两次，其间隔至少 10 天；对有异常情况的井点，应适当增加采样监测次数。

第二节　水样的采集与保存方法

水样的采集和保存在水和废水监测的过程中是较为重要的步骤，本节就对这两部分进行论述分析。

一、水样的采集

（一）采样前的准备

采样前应根据监测项目的性质和采样方法的要求选择适宜材质的盛水容器和采样器，确保容器与水样在贮存期间不会因为相互作用而影响监测结果。采样器的材质的化学稳定性要好，其大小形状要适宜，不吸附待测物。采样器与盛水器在使用前均要洗净。

（二）采样器及采样方法

1. 一般采样器及其使用方法

最简单的采样器是水桶或瓶子。

（1）单层采水瓶

采水器主要由单层采水架和采水瓶构成。采样步骤如下：

a. 在架底固定好铅锤，检查采水瓶（洗净晾干的）是否固定牢靠，带软绳的瓶塞是否合适；

b. 左手抓软绳，右手将单层采水瓶慢慢放入水中；

c. 到达预定水层时，提拉软绳，打开瓶塞，待水灌满后迅速提出水面，倒掉上部一层水，便得到所需的水样。

（2）有机玻璃采水器

在湖泊、水库和池塘等水体中，可用有机玻璃采水器采样。有机玻璃采水器为圆柱形，上下底面均有活门。采水器沉入水中，活门自动开启，沉入哪一深度就能采哪一水层的水样。采水器内部有温度计，可同时测知水温。有机玻璃采水器，现有 1 500 mL、2 500 mL 等各种容量和不同深度的型号。在河流中采样，要用颠倒式采水器或其他型号采水器。

（3）直立式采水器

这种采水器主要由采水桶、采水器架和溶解氧瓶构成。采样操作步骤如下：

a. 将采水桶和溶解氧瓶分别放入采水器架内的相应位置上，固定好，并连接好溶解氧瓶的乳胶管，关好侧门；

b. 换上带软绳的瓶塞，将直立式采水器慢慢放入水中；

c. 到达预定水层时，分别提拉采水桶和溶解氧瓶瓶塞的软绳，将瓶塞打开，水便从溶解氧瓶灌入，空气从采水桶口排出。待水灌满后迅速提出水面，倒掉采水桶上部一层水，水样待处理。直立式采水器专供溶解氧监测用水样的采集。

（4）塑料手摇泵采样器

泵用硬质塑料制成，有活塞式和隔膜式两种。采样操作步骤如下：

a. 将抽水管放到底层预定深度（先采底层水样，再依次向上采集各层水样）；

b. 边摇动，边从泵的上部注入少量河水，直到能持续出水为止；

c. 待抽水管内的水全部排出后，再继续排水 2~3 min，然后按顺序采集供各种监测项目用的水样；

d. 采完底层水样后，边摇边上提抽水管，至管口达到上一层采样点后（抽水管附有长度标记），按步骤 c 采样；

e. 采完各层水样后，停止摇泵，将抽水管提出水面，固定好。

2. 地下水采样器

（1）简易采水器

其主要部件是塑料水壶和钢丝架。将采水器放到预定深度，拉开塑料水壶（洗净晾干的）进水口的软塞，待水灌满后提出水面，即可采集到水样。

（2）改良的 Kemmerer 采水器

采水器由带有软塞的滑动螺杆和水筒等部件组成，常用于采集地面水和地下水。

上面介绍的一些分离式采水器的优点是结构较简单，既经济又方便，能用各种适宜的材料制作，而且无需其他动力，可用于相对污染较轻的采样点采样。缺点是不能排出滞水，在水样转移过程中，易混入空气。

3. 深层采样器

在采集一定深度的水样时，可使用单层采水器或深层采水器，采样时，将采水器下沉一定深度，扯动挂绳，打开瓶塞，待水灌满后，迅速提出水面，弃去上层水样，盖好瓶盖，并同步监测水深。

4. 采样器使用注意事项

（1）采样器使用前必须先用洗涤剂除去防锈油脂。采样时将采样器放在水面上冲刷3~5 min，然后采样。采样完毕，必须洗净采样器，晾干待用。

（2）采样时若遇到水流速度较大，可将采样器用铅锤加重，以保证能在采样点的准确位置上采样 0。

（3）用白色塑料盘（桶）和小勺接样。

（4）沉积物接入盘中后，挑去卵石、树枝、贝壳等杂物，搅拌均匀后装入瓶或袋中。

（5）采样器插入表层不超过 5 cm 时，应重采。如果沉积物很硬，采样器难以插入时，可多次采集，然后将样品搅拌均匀后装入瓶或袋中。

（6）因障碍物导致斗壳锁合不稳定、不紧密或者壳口处夹有卵石或其他杂物，样品流失过多时，必须重采。

（7）水浅时，如果船体或采泥器冲击和搅动沉积物，应另选采样点重采。但必须注意重选的采样点不能偏离太远。

（8）为使沉积物样品具有代表性，在同一采样点周围应采样2~3 次，将各次样品混合均匀分装。

（9）沉积物样品应尽量滤干水分。供进行无机物分析的样品，可用塑料袋（瓶）包装；供有机物分析的样品，应置于棕色磨口玻璃瓶中，瓶盖内应衬垫洁净铝箔或聚四氟乙烯薄膜（不可用其他薄膜）。

（10）采样器提升时，如发现沉积物流失过多或因泥质太软而从采样器耳盖等处溢出，应重新采样。若样品过分泄漏或沉积物表面失常，这时均应重采。

（三）采样现场记录和水样标签

样品注入样品瓶后，需要填写采样记录和采样标签。这是一项非常重要的工作，不可忽视。具体做法是：按照国家标准 GB 12999—91《水质采样样品的保存和管理技术》中的规定填写好。现场记录特别重要，不能丢失。

水样采集后，根据不同的分析要求，将样品分装成数份，并分别加入保存剂。对每份样品都应附一张完整的水样标签。水样标签可以根据实际情况设计，一般包括：采样目的，课题代号，监测点数目、位置，监测日期，时间，采样人员，等。标签应用不褪色的墨水填写，并牢固地贴于盛装水样的容器外壁上。

对需要现场测试的项目，如 pH 值、电导、温度、流量等应按照实际情况进行记录，并妥善保管现场记录。

二、水样的保存方法

为将由于物理因素、化学因素和生物因素的影响使水样组分浓度产生的变化降低到最低，可采取以下水样保存方法：

1. 冷藏或冷冻法

样品在 4 ℃冷藏或将水样迅速冷冻，存储于暗处，可以抑制微生物活动，减缓物理挥发和化学反应速率。冷藏是短期内保存水样的一种较好的方法，冷藏温度应控制在 4 ℃左右。冷冻温度在 −20 ℃左右，但要特别注意冷冻过程和解冻过程中，不同状态的变化会引起水质的变化。为防止冷冻过程中水的膨胀，无论使用玻璃容器还是塑料容器都不能将水样充满整个容器。

2. 加入化学试剂

可以在采样后立即往水样中投加化学试剂，也可以先将化学试剂加到水样瓶中。

（1）加入酸或碱

加入酸或碱可改变溶液的 pH 值，能抑制微生物活动，消除微生物对 COD、TOC、油脂等项目监测的影响，从而使待测组分处于稳定状态。监测重金属时加入硝酸至 pH 值为 1~2，可防止水样中金属离子发生水解、沉淀或被容器壁吸附；在监测氰化物的水样中加 NaOH 调节 pH 值为 10~11；测酚的水样也需加碱保存。

（2）生物抑制剂

如在监测氨氮、硝酸盐氮、化学需氧量的水样中加入 $HgCl_2$，可抑制生物的氧化还原作用；对监测酚的水样，用 H_3PO_4 调至 pH 值为 4 时，加入 $CuSO_4$，可抑制苯酚菌的分解活动。

（3）氧化剂或还原剂

在水样监测过程中，加入氧化剂或还原剂可增强待测组分的稳定性。如 Hg^{2+} 在水样中易被还原引起汞的挥发损失，加入 HNO_3（至 $pH<1$）和 $K_2Cr_2O_7$（0.05%），使汞保持高价态，汞的稳定性大为改善；监测硫化物的水样，加入抗坏血酸，可以防止被氧化；监测溶解氧的水样则需加入少量硫酸锰和碱性碘化钾固定溶解氧等。加入化学试剂保护水样必须注意如下几点：

①不能干扰其他项目的监测；

②不能影响待测物浓度，如果加入的保护剂是液体，则更要记录体积的变化；

③要做空白试验。

3. 其他措施

水样采集后在现场立即采取一些如过滤等措施，对水样的保存是很有益的。水样中的藻类和细菌可被截留在滤膜上，这样就可大大减少和防止水样中的生物活性作用。如果要区分金属、磷等被测物是溶解状态还是悬浮状态时，也需要采样后立即过滤，否则这两种形态在水样贮存期间会互相转化。

有的监测项目可在现场做完一部分分析步骤，使被测物“固定”在水样中，转变为稳定的形态，剩下的步骤回实验室完成。

第三节　无机化合物的监测

在无机化合物中，分类比较多，大的分类就含有金属化合物和非金属化合物，由于篇幅问题，本节就选择几项进行论述。

一、汞的监测

汞及其化合物都有毒，无机盐中以氯化汞毒性最大，有机汞中以甲基汞、乙基汞毒性最大。汞是唯一一个常温下呈液态的金属，具有较高的蒸气压而容易挥发，汞蒸气可由呼吸道进入人体，液体汞亦可为皮肤吸收，汞盐可以粉尘状态经呼吸道或消化道进入人体，食用被汞污染的食物，可造成危险的慢性汞中毒。水中微量汞可经食物链作用而成百万倍地富集，工业废水的无机汞可与其他无机离子反应，形成沉积物沉于江河湖泊的底部，与有机分子形成可溶性有机络合物，结果使汞能够在这些水体中迅速扩散，通过水中的厌氧微生物作用，使汞转化为甲基汞，从而增加了汞的脂溶性，且非常容易在鱼、虾、贝类等体内蓄积，人们食用它们从而引起“水俣病”。

该病消化道症状不明显，主要为神经系统症状，重者可有刺痛异样感，动作失调、语言障碍、耳聋、视力模糊，以致精神紊乱、痴呆，死亡率可达40%，且可造成幼儿先天性汞中毒。

天然水含汞极少，水中汞本底浓度一般不超过0.1 ppb。由于沉积作用，底泥中的汞含量会大一些，本底汞的高低与环境地理地质条件有关。我国规定生活饮用水的含汞量不得高于0.001 mg/L，工业废水中汞的最高允许排放浓度为0.05 mg/L，这是所有的排放标准中最严的。地表水汞污染的主要来源是贵金属冶炼、食盐电解制钠、仪表制造、农药、军工、造纸、氯碱工业、电池生产、医院等工业排放的废水。监测方法见GB7468—87《水质 总汞的监测 冷原子吸收分光光度法》和GB4769—87《水质 总汞的监测 高锰酸钾—过硫酸钾消解法 双硫腙分光光度法》等。

（一）冷原子吸收法

1. 方法原理

汞蒸气对波长为253.7 nm的紫外光有选择性地吸收，在一定的浓度范围内，吸光度与汞浓度成正比。

水样经消解后，将各种形态汞转变成二价汞，再用氯化亚锡将二价汞还原成为元素汞，用载气将产生的汞蒸气带入测汞仪的吸收管监测吸光度，与汞标准溶液吸光度进行比较定量。

非火焰（冷）原子吸收专用汞分析仪器，主要由光源、吸收管、试样系统、光电检测系统、指示系统等主要部件组成。国内不同类型的测汞仪的差别主要在于吸收管和试样系统的不同。

2. 监测要点

（1）水样的氧化

取一定体积的水样于锥形瓶中，加硫酸、硝酸、高锰酸钾溶液和过硫酸钾溶液，置沸水浴中使水样近沸状态下保温 1 h，维持红色不褪，取下冷却。临近监测时滴加盐酸羟胺溶液，直至刚好使过剩的高锰酸钾褪色及二氧化锰全部溶解为止。

（2）标准曲线绘制

依照水样介质条件，用 $HgCl_2$ 配制系列汞标准溶液。分别吸取适量汞标准溶液于还原瓶内，加入氯化亚锡溶液，迅速通入载气，记录表头的指示值。以经过空白校正的各测量值（吸光度）为纵坐标，相应标准溶液的汞浓度为横坐标，绘制出标准曲线。

（3）水样监测

取适量氧化处理好的水样于还原瓶中，与标准溶液进行同样的操作，监测其吸光度，扣除空白值，从标准曲线上查得汞浓度，如果水样经过稀释，要换算成原水样中汞的含量。

该方法适用于各种水体中汞的监测，其最低检测浓度为 0.1~0.5 μg/L。

（二）双硫腙分光光度法

水样于 95 ℃，在酸性介质中用高锰酸钾和过硫酸钾消解，将无机汞和有机汞转化为二价汞。

用盐酸羟胺将过剩的氧化剂还原，在酸性条件下，汞离子与双硫腙生成橙色螯合物，用有机溶剂萃取，再用碱液洗去过剩的双硫腙，在 485 nm 波长处监测吸光度，以标准曲线法求水样中汞的含量。

汞的最低检出浓度（取 250 mL 水样）为 0.001 mg/L，监测上限为 0.04 mg/L。此方法适用于工业废水和受汞污染的地表水的监测。

二、铬的监测

在水体中，铬主要以三价和六价态出现。六价铬一般以 CrO_4^{2-}、$HCr_2O_7^-$、$Cr_2O_7^{2-}$ 等三种阴离子形式存在，其具体存在形式受水体 pH

值、温度、氧化还原物、有机物等因素的影响。

铬是生物体所必需的微量元素之一，它的毒性与其存在价态有关，六价铬具有强毒性，为致癌物质，易被人体吸收而且在体内蓄积，导致肝癌。我国把六价铬规定为实施总量控制的指标之一。天然水中铬的含量很低，通常为1~10 μg/L水平。陆地天然水中一般不含铬，海水中铬的平均浓度为0.05 μg/L。当水中六价铬的浓度为1 mg/L时，水呈淡黄色并有涩味，三价铬的浓度为1 mg/L时，水的浊度明显增加，三价铬化合物对鱼的毒性比六价铬大。

铬的污染源主要是含铬矿石的加工、金属表面处理、皮革鞣制、印染、照相材料等行业的工业废水。

铬的监测方法主要有二苯碳酰二肼分光光度法、原子吸收分光光度法、等离子发射光谱法及硫酸亚铁铵滴定法。清洁的水样可直接用二苯碳酰二肼分光光度法测六价铬。如测总铬，用高锰酸钾将三价铬氧化成六价铬，再用二苯碳酰二肼分光光度法监测。水样中含铬量较高时，用滴定法监测。

铬的监测步骤如下：

1. 样品预处理

样品不含悬浮物，低色度的清洁水样可直接监测；如水样有色但不太深，可用以丙酮代替显色剂的空白水样做参比监测；对于浑浊、色度较深的水样，可用锌盐沉淀分离法进行预处理。以氢氧化锌作为共沉淀剂，调节溶液 pH 值为 8~9，此时 Cr^{3+}、Fe^{3+}、Cu^{2+} 均形成氢氧化物沉淀，可被过滤除去；当水中存在亚硫酸盐、二价铁等还原性物质和次氯酸盐等氧化性物质时，也应采取相应消除措施干扰。

2. 制标准曲线

用优级纯 $K_2Cr_2O_7$ 配制铬标准溶液，分别取不同的体积于比色管中，加酸、显色、加水定容，以水做参比于 540 nm 波长处，分别监测吸光度值，将测得的吸光度经空白校正后，绘制标准曲线。

3. 样品监测

取适量清洁水样或经过预处理的水样，与标准系列同样操作，将测得的吸光度值经空白校正，从标准曲线上查找，并计算水样中六价铬的含量。

必须注意的是：水样应在取样当天分析，因为在保存期间六价铬会损失；另外，水样应在中性或弱碱性条件下存放。已有实验证实，在 pH 值为 2 的条件下保存，1 天之内六价铬全部转化为三价铬。

第四节　有机化合物的监测

有机化合物的分类比较多，本节节选其中几类进行论述。

一、总有机碳（TOC）的监测

总有机碳是以碳的含量表示水体中有机物质总量的综合指标。由于 TOC 的监测采用燃烧法，因此，能将有机物全部氧化，它比 BOD 或 COD 更能反映有机物的总量。

监测 TOC 的方法见 GB13193—91《水质　总有机碳的监测　非色散红外线吸收法》。其监测原理是：将一定量水样注入高温炉内的石英管，在 900~950 ℃温度下，以铂为催化剂，使有机物燃烧裂解转化为二氧化碳，然后用红外线气体分析仪测 CO_2 的含量，从而确定水样中碳的含量。因为在高温下，水样中的碳酸盐也分解产生二氧化碳，故上面测得的为水样的总碳（TC）。为获得有机碳含量，可采用两种方法：一是将水样预先酸化，通入氮气曝气，驱除各种碳酸盐分解生成的 CO_2 后再注入仪器监测，但由于在曝气过程中会造成水样中挥发性有机物的损失而产生监测误差。因此，其监测结果只是不可吹出的有机碳含量，此为直接法监测 TOC 值。另一种方法是使用高温炉和低温炉皆有的 TOC 监测仪。将同一等量水样分别注入高温炉（900 ℃）和低温炉（150 ℃），高温炉水样中的有机碳和无机碳均转化为 CO_2，而低温炉的石英管中装有磷酸浸渍的玻璃棉，能使无机碳酸盐在 150 ℃分解为 CO_2，有机物却不能被分解氧化。将高、低温炉中生成的 CO_2 依次导入非色散红外气体分析仪，分别测得总碳（TC）和无机碳（IC），二者之差即为 TOC。该方法最低检出浓度为 0.5 mg/L。

二、矿物油的监测

水中的矿物油来自工业废水和生活污水。工业废水中石油类（各种烃类的混合物）污染物主要来自原油开采、加工及各种炼制油的使用部门。矿物油漂浮在水体表面，影响空气与水体界面间的氧交换；分散于水中的油可被微生物氧化分解，消耗水中的溶解氧，使水质恶化。矿物油中还含有毒性大的芳烃类。

监测矿物油的方法有重量法、非色散红外法、紫外分光光度法等。

（一）重量法

方法监测原理是以硫酸酸化水样，用石油醚萃取矿物油，然后蒸发除去石油醚，称量残渣重，计算矿物油含量。

此法监测的是酸化样品中可被石油醚萃取的且在实验过程中不挥发的物质总量。溶剂去除时，使得轻质油有明显损失。由于石油醚对油有选择地溶解，因此石油中较重成分可能不为溶剂萃取，当然也无从测得。重量法是最常用的方法，它不受油品种的限制，但操作繁琐，受分析天平和烧杯重量的限制，灵敏度较低，只适合于测含油量较大的水样。

（二）非色散红外法

本法系利用石油类物质的甲基（$-CH_3$）、亚甲基（$-CH_2-$）在近红外区（3.4 μm）有特征吸收，作为监测水样中油含量的基础。标准油可采用受污染地点水中石油醚萃取物。根据我国原油组分特点，也可采用混合石油烃作为标准油，其组成为：十六烷：异辛烷：苯 =65 ： 25 ： 10（*V/V*）。

监测时，先用硫酸将水样酸化，加氯化钠破乳化，再用三氯三氟乙烷萃取，萃取液经无水硫酸钠层过滤，定容，注入红外分析仪监测其含量。测量前按仪器说明书规定调整和校准仪器。

所有含甲基、亚甲基的有机物质都将产生干扰。若水样中有动、植物油脂以及脂肪酸物质，应预先将其分离。此外，石油中有些较重的组分不溶于三氯三氟乙烷，致使监测结果偏低。

（三）紫外分光光度法

石油及其产品在紫外区有特征吸收。带有苯环的芳香族化合物的主要吸收波长为 250~260 nm；带有共轭双键的化合物主要吸收波长为 215nm~230 nm。一般原油的两个吸收峰波长为 225 nm 和 254 nm；轻质油及炼油厂的油品可选 225 nm。

水样用 H_2SO_4 酸化，加 NaCl 破乳化，然后用石油醚萃取，脱水，定容后监测。标准油用受污染地点水样石油醚萃取物。不同油品特征吸收峰不同，如难以确定监测波长时，可用标准油在波长 215~300 nm 之间的吸收光谱，采用其最大吸收峰的波长。

第五节　水环境质量评价

一、水环境质量基准和水环境质量标准

水环境质量基准可以是一种水质成分的规定浓度，也可以是叙述性的说明。如果水质成分未超出规定浓度，将可以保护生物、生物群落，或者指定的用水，或者具有某一适当安全度的水质。

水质标准是以水质基准为依据，根据社会、经济、技术等因素所制定的限制值，具有法律强制性，且根据实际情况进行不断的修改和补充。

水质评价标准意味着水域所要达到的，或污水排放所要遵循的一项法律条文。一项水质评价标准可以利用水质评价基准作为制定法律规定或实施条例的依据，但是考虑到当地自然条件特征，水域的重要性、经济性，或者生态系统的状况以及水质安全度，水质评价标准可以有别于评价基准。

本节就江河水质评价为例进行论述。

二、江河水质评价

（一）江河水质评价概述

水质是指水体的物理、化学和生物学的特征和性质。水质评价是以水环境监测资料为基础，按照一定的评价标准和评价方法，对水质要素进行定性评价或定量评价，以准确反映水质现状，了解和掌握水体污染影响程度和发展趋势，为水环境保护和水资源规划管理提供科学依据。

江河水质评价是根据不同目的和要求，按一定的原则和方法进行的。江河水质评价主要是评价江河的污染程度，划分污染等级，

确定污染类型，以便准确指出江河污染程度及将来的发展趋势，为水源保护提供方向性、原则性的方案和依据。

江河水质评价的基本要求是了解河流主要污染物的运动变化规律。因此，在时间上需要掌握不同时期、不同季节污染物的动态变化规律；在空间上要掌握河流不同河段、上游与下游不同部位的环境变化规律以及质量变化的对比性。只有了解和掌握这些基本规律，才能使河流水质评价具有典型性和代表性，才能准确地反映不同河流水质的基本特征。

（二）江河水质评价基本流程

江河水质评价首先要明确评价目的，其次根据评价目的和要求，选择合适的评价参数、评价标准和评价方法，通过调查和监测获得的水质数据，对水体水质状况进行评价。江河水质评价大致可分为以下几个步骤：

1. 选择评价参数

在明确评价目的后，水质评价参数的选择应遵循以下原则：

①针对性原则，即评价参数能反映评价区域的重要水环境问题，满足水质评价目标要求；

②适度原则，即以适量的评价参数参与水质评价获得可信的评价结果；

③监测技术可行原则，即所设置的评价参数必须是利用现有的技术手段可获取监测数据。

2. 收集与整理监测数据

根据评价目的，进行水质数据收集。数据收集方法有两种：一种是从已有水质监测网络（常规和专门水质监测）的数据库中获取；另一种是组织专门的水质监测。水质监测是经统一取样得到水体物理、化学和生物学特征数据的过程，可分为常规水质监测和专门水质监测。常规水质监测一般对水体进行定点、定时监测，具有长期性和连续性；专门水质监测是为特定目的服务的水质监测，其监测项目与频率视服务对象而定。由于不同水质监测网络在采样方法、采样频率、监测时段、实验室分析方法、数据贮存方式等方面存在差异，源自不同水质监测网络（或部门与水质监测单位）的水质数据必须根据评价需要进行数据校勘与整编。

3. 确定评价标准

根据水质评价目标即可以确定水质评价标准。水质评价标准必须以国家颁布的有关水质标准为基础。随着水环境保护事业的发展，我国相继制定颁布了一系列水质标准，为水质评价工作的顺利开展提供了较完备的标准体系。由于水环境问题的复杂性，以及随着经济的发展和科学技术的进步，新的水环境问题也会不断出现，现有评价标准体系中没有包括的水质项目也可能需要进行评价，在进行必要的科学分析对比前提下可参考国外有关水质标准进行。

4. 选择评价方法

水质评价的方法很多，按选取评价项目的多少可分为单因子评价法和综合评价法。

单因子评价法又称“单指标评价法”“一票否决法”。该方法规定分参数取监测值的平均值与《地表水环境质量标准》的标准值比较，比值大于 1 表明该项水质参数超标，其使用功能不能保证。由于单因子评价法采取最差项目赋全权的做法，可以明确指出水质问题的所在，直接了解水质状况与评价标准之间的关系，有利于提出针对性的水环境治理措施。因此，单因子评价法是最普遍使用的评价方法。

由于单因子评价方法无法给出水环境质量的综合状况，为了克服该法的不足，国内外水质专家提出各种综合指标评价方法。所谓综合指标评价方法就是基于数个水质参数计算出的表征水体水质综合状况的一个数值（或分值），这个数值或分值被称为水质指数。水质指数将复杂的水质数据转换成公众可以理解和使用的信息，当然其并不能囊括水质的所有内容，已有的水质指数方法均是有目的地选择一些重要的水质指标，给出水体水质状况的简单概貌。

5. 表征评价结果

水质评价结果除列表表述外，还应该提供水质成果图。历次全国地表水水质评价均采用绘制着色水质图的方式表征评价结果。

6. 提出评价结论

根据评价结果，提出评价结论。评价结论一般要求揭示地表水水质时空分布规律，指出水污染重点区域，识别污染项目，分析污染类型与污染程度，结合污染源调查评价，指出污染成因，提出水资源保护对策。

（三）江河水质的评价方法

早期的水质评价方法主要根据水的色、味、嗅、浑浊等感观性状做定性描述，概念比较含糊。随着科技水平的不断提高，人们对水体的物理、化学和生物性状有了较深入的认识，随之发展了多种水环境评价方法。目前，国内外水环境质量评价方法多种多样，各种方法各有特色。在我国水质评价工作中，尽管单因子评价方法也为大家普遍采用，但该方法因为只能进行定性评价，在所依托的评价标准不断修正的情况下，根据单因子方法获得的评价结果几乎很难进行比较，而且由于该方法在水环境总体概念上存在局限，因此备受质疑。基于多个水质指标的综合评价从定量角度期望建立不因水域变化和水质标准变化而破坏水质评价的连续性，但由于提出的指标体系与局部水域水质特点关系密切，而且评价结论不能像单因子方法一样明晰水质问题的所在。因此，尽管在文献中可以查到大量有关水质综合评价的方法，但真正能推广应用的不多。

1. 单因子评价方法

单因子评价法将各参数浓度代表值与评价标准逐项对比，以单项评价最差项目的类别作为水质类别。单因子评价法是目前使用最多的水质评价法，该法简单明了，可直接了解水质状况与评价标准之间的关系，给出各评价因子的达标率、超标率和超标倍数等特征值。

2. 综合评价方法

综合评价方法的主要特点是用各种污染物的相对污染指数进行数学上的归纳和统计，得出一个较简单的代表水体污染程度的数值。综合评价法能了解多个水质参数与相应标准之间的综合相对关系，但有时也掩盖高浓度的影响。

第三章　大气和废气监测

大气监测是大气环境质量保证的重要途径，只有经过对大气检测以及对废气的监测才能够及时发现生产、生活中对环境破坏力极大的气体，寻找根源，及时整治，做到对大气的保护。

第一节 大气和废气监测方案制订

制订空气污染监测方案的程序同制订水和废水监测方案一样，首先要根据监测目的进行调查研究，收集相关的资料，然后经过综合分析，确定监测项目，布设监测点，选定采样频率、采样方法和监测方法，建立质量保证程序和措施，提出进度、安排计划和对监测结果报告的要求，等。下面结合我国现行的技术规范，对空气污染监测方案的制订进行介绍。

一、监测目的

首先，通过对环境空气中主要污染物进行定期或连续的监测，判断空气质量是否符合《环境空气质量标准》或环境规划目标的要求，为空气质量状况评价提供依据。

其次，为研究空气质量的变化规律和发展趋势，开展空气污染的预测预报，以及研究污染物迁移转化情况提供基础资料。

最后，为政府环境保护部门执行环境保护法规、开展空气质量管理及修订空气质量标准提供依据和基础资料。

二、调研及资料收集

（一）污染源分布及排放情况

通过调查，将监测区域内的污染源类型、数量、位置、排放的主要污染物及排放量调查清楚，同时还应了解所用原料、燃料及其消耗量。注意将由高烟囱排放的较大污染源与由低烟囱排放的小污染源区别开来。因为小污染源的排放高度低，对周围地区地面空气中污染物浓度影响比高烟囱排放源大。另外，对于交通运输污染较重和有石油化工企业的地区，应区别一次污染物和由光化学反应产生的二次污染物。因为二次污染物是在空气中形成的，其高浓度处可能离污染源的位置较远，在布设监测点时应加以考虑。

（二）气象资料

污染物在空气中的扩散、迁移和一系列的物理、化学变化在很大程度上取决于当时当地的气象条件。因此，要收集监测区域的风向、风速、气温、气压、降水量、日照时间、相对湿度、温度垂直梯度和逆温层底部高度等资料。

（三）地形资料

地形对当地的风向、风速和大气稳定度等有影响，因此，它是设置监测网点应当考虑的重要因素。例如，工业区建在河谷地区时，出现逆温层的可能性大；位于丘陵地区的城市，市区内空气污染物的浓度梯度会相当大；位于海边的城市会受海、陆风的影响，而位于山区的城市会受山谷风的影响等。为掌握污染物的实际分布状况，监测区域的地形越复杂，要求布设的监测点越多。

（四）土地利用和功能区划情况

监测区域内土地利用及功能区划情况也是设置监测网点应考虑的重要因素之一。不同功能区的污染状况是不同的，如工业区、商业区、混合区、居民区等。还可以按照建筑物的密度、有无绿化地带等做进一步分类。

（五）人口分布及人群健康情况

环境保护的目的是维护自然环境的生态平衡，保护人群的健康，因此，掌握监测区域的人口分布，居民和动植物受空气污染的危害情况及流行性疾病等资料，对制订监测方案、分析判断监测结果是有益的。

此外，对于监测区域以往的监测资料等也应尽量收集，供制订监测方案参考。

三、监测项目

空气中的污染物种类繁多，应根据《环境空气质量标准》规定的污染物项目来确定监测项目。对于国家空气质量监测网的监测点，须开展必测项目的监测（必测和选测项目见表 3–1）；对于国家空气质量监测网的背景点及区域环境空气质量监测网的对照点，还应开展部分或全部选测项目的监测。地方空气质量监测网的监测点，可根据各地环境管理工作的实际需要及具体情况，参照本条规定确定其必测项目和选测项目。

表 3–1　空气污染必测和选测项目

必测项目	选测项目
二氧化硫（SO_2）	总悬浮颗粒物（TSP）
二氧化氮（NO_2）	铅（Pb）
可吸入颗粒物（PM 10）	氟化物（F）
一氧化碳（CO）	苯并［a］芘（B［a］P）
臭氧（O_3）	有毒有害有机物

四、监测站（点）和采样点的布设

监测区域内的监测站（点）总数确定后，可采用经验法、统计法、模拟法等进行监测站（点）布设。

经验法是常采用的方法，特别是对尚未建立监测网或监测数据积累少的地区，需要凭借经验确定监测站（点）的位置。其具体方法有：

（一）功能区布点法

功能区布点法多用于区域性常规监测。先将监测区域划分为工业区、商业区、居民区、工业和居民混合区、交通稠密区、清洁区等，再根据具体污染情况和人力、物力条件，在各功能区设置一定数量的采样点。各功能区的采样点数量不要求平均，在污染源集中的工业区和人口较密集的居民区多设采样点。

（二）网格布点法

这种布点法是将监测区域划分成若干个均匀网状方格，采样点设在两条直线的交点处或网格中心。网格大小根据污染源强度、人口分布及人力、物力条件等确定。若主导风向明显，下风向设采样点应多一些，一般约占采样点总数的60%。对于有多个污染源，且污染源分布较均匀的地区，常采用这种布点方法。它能较好地反映污染物的空间分布；如将网格划分得足够小，则可将监测结果绘制成污染物浓度空间分布图，对指导城市环境规划和管理具有重要意义。

五、采样频率和采样时间

采样频率系指在一个时段内的采样次数，采样时间指每次采样从开始到结束所经历的时间。二者要根据监测目的、污染物分布特征、分析方法灵敏度等因素确定。例如，为监测空气质量的长期变化趋势，连续或间歇自动采样测定为最佳方式；突发性环境污染事故等的应急监测要求快速测定，采样时间尽量短；对于一级环境影响评价项目，要求不得少于夏季和冬季两期监测，每期应取得有代表性的 7 天监测数据，每天采样监测不少于 6 次（2：00、7：00、10：00、14：00、16：00、19：00）。

六、采样方法、监测方法和质量保证

采集空气样品的方法和仪器要根据空气中污染物的存在状态、浓度、物理化学性质及所用监测方法选择，在各种污染物的监测方法中都规定了相应的采样方法。

和水质监测一样，为获得准确和具有可比性的监测结果，应采用规范化的监测方法。目前，监测空气污染物应用最多的方法还是分光光度法和气相色谱法，其次是荧光光谱法、液相色谱法、原子吸收光谱法等。但是，随着分析技术的发展，对一些含量低、难分离、危害大的有机污染物，越来越多地采用仪器联用方法进行测定，如气相色谱 – 质谱（GC–MS）、液相色谱 – 质谱（LC–MS）、气相色谱 – 傅里叶变换红外光谱（GC–FTIR）等联用技术。

第二节 大气样品和废气样品的采集方法与采样仪器

一、大气样品和废气样品的采集方法

气体采样方法的选择与污染物在气体中存在的状态密切相关。气体中的污染物从形态上分为气态和颗粒态两种。推荐的采样方法有 24 h 连续采样、间断采样和无动力采样。以气态或气溶胶态两种形态存在的半挥发性有机物（SVOCs）通常进行主动采样。

（一）24 h 连续采样

24 h 连续采样指 24 h 连续采集一个空气样品，监测污染物日平均浓度的采样方式，适用于环境空气中的 SO_2、NO_2、PM 10、PM 2.5、TSP、苯并［a］芘、氟化物和铅等采样。

1. 气态污染物连续采样

气态污染物连续采样设备一般需要设立采样亭，便于安放采样系统各组件。采样亭的面积及其空间大小应视合理安放采样装置、便于采样操作而定。一般面积应不小于 5 m^2，采样亭墙体应具有良好的保温和防火性能，室内温度应维持在（25 ± 5）℃。

气态污染物采样系统由采样头、采样总管、采样支管、引风机、气体样品吸收装置及采样器等组成。采样总管和采样支管应定期清洗，周期视当地空气湿度、污染状况确定。采样前进行气密性、采样流量、温度控制系统及时间控制系统检查。

气密性检查：按下图连接采样系统各装置，确认采样系统连接正确后，进行采样系统的气密性检查。下图中，1 为采样头；2 为采样总管；3 为采样亭屋顶；4 为采样支管；5 为引风机；6 为二氧化氮吸收瓶；7 为二氧化硫吸收瓶；8 为温度计；9 为恒温装置；10 为滤水井；11 为干燥器；12 为转子流量计；13 为限流孔；14 为三通阀；15 为真空泵；16 为抽气泵。

采样流量检查：用经过检定合格的流量计校验采样系统的采样流量，每月至少 1 次，每月流量误差应小于 5%，若误差超过此值，应清洗限流孔或更换新的限流孔。限流孔清洗或更换后，应对其进行流量校准。

温度控制系统及时间控制系统检查：检查吸收瓶温控槽及临界限流孔，温控槽的温度指示是否符合要求；检查计时器的计时误差是否超出误差范围。

主要采样过程：将装有吸收液的吸收瓶（内装 50 mL 吸收液）连接到采样系统中。启动采样器，进行采样。记录采样流量、开始采样时间、温度和压力等参数。

采样结束后，取下样品，并将吸收瓶进、出口密封，记录采样结束时间、采样流量、温度和压力等参数。

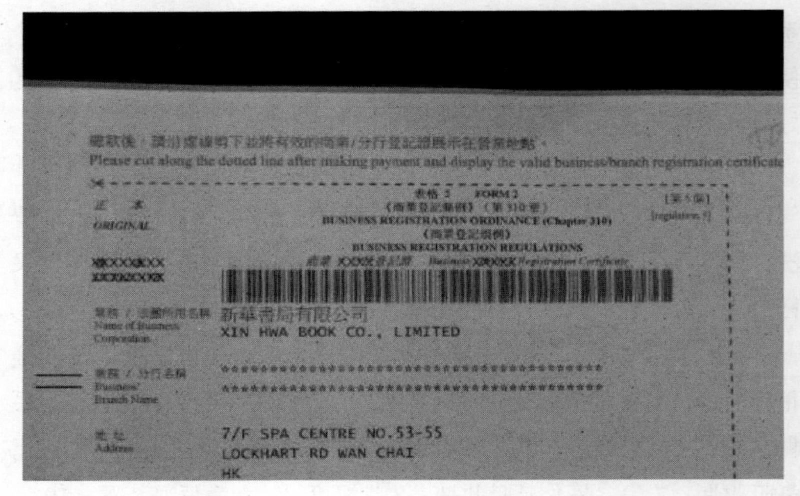

Please cut along the dotted line after making payment and display the valid business/branch registration certificate

FORM 2

BUSINESS REGISTRATION ORDINANCE (Chapter 310)

BUSINESS REGISTRATION REGULATIONS

ORIGINAL

Name of Business Corporation　新華書局有限公司　XIN HWA BOOK CO., LIMITED

Business/Branch Name　**

Address　7/F SPA CENTRE NO.53-55 LOCKHART RD WAN CHAI HK

2. 颗粒物连续采样

颗粒物监测的采样系统由颗粒物切割器、滤膜、滤膜夹和颗粒物采样器组成，或者由滤膜、滤膜夹和具有符合切割特性要求的采样器组成。采样前采样器要进行流量校准。

采样过程为：打开采样头顶盖，取出滤膜夹，用清洁干布擦掉采样头内滤膜夹及滤膜支持网表面上的灰尘，将采样滤膜毛面向上，平放在滤膜支持网上。同时核查滤膜编号，放上滤膜夹，拧紧螺丝，以不漏气为宜，安好采样头顶盖，启动采样器进行采样。记录采样流量、开始采样时间、温度和压力等参数。

采样结束后，取下滤膜夹，用镊子轻轻夹住滤膜边缘，取下样品滤膜，并检查在采样过程中滤膜是否有破裂现象，或滤膜上灰尘的边缘轮廓不清晰的现象。若有，则该样品膜作废，需重新采样。确认无破裂后，将滤膜的采样面向里对折两次放入与样品膜编号相同的滤膜袋（盒）中。记录采样结束时间、采样流量、温度和压力等参数。

（二）间断采样

间断采样是指在某一时段或一小时内采集一个环境空气样品，监测该时段或该小时环境空气中污染物的平均浓度所采用的采样方法。

气态污染物间断采样系统由气样捕集装置、滤水井和气体采样器组成。

根据环境空气中气态污染物的理化特性及其监测分析方法的检测限，可采用相应的气样捕集装置，通常采用的气样捕集装置包括装有吸收液的多孔玻璃筛板吸收瓶（管）、气泡式吸收瓶（管）、冲击式吸收瓶、装有吸附剂的采样支管、聚乙烯或铝箔袋、采气瓶、低温冷缩管及注射器等。当多孔玻板吸收瓶装有 10 mL 吸收液，采样流量为 0.5 L/min 时，阻力应为（4.7 ± 0.7）kPa，且采样时多孔玻板上的气泡应分布均匀。

采样前应根据所监测项目及采样时间，准备待用的气样捕集装置或采样器。按要求连接采样系统，并检查连接是否正确。检查采样系统是否有漏气现象，若有，应及时排除或更换新的装置。启动抽气泵，将采样器流量计的指示流量调节至所需采样流量。用经检定合格的标准流量计对采样器流量计进行校准。

采样程序为：将气样捕集装置串联到采样系统中，核对样品编号，并将采样流量调至所需的采样流量，开始采样。记录采样流量、开始采样时间、气样温度、压力等参数。气样温度和压力可分别用温度计和气压表进行同步现场测量。

采样结束后，取下样品，将气体捕集装置进、出气口密封，记录采样流量、采样结束时司、气样温度、压力等参数。按相应项目的标准监测分析方法要求运送和保存待测样品。

颗粒物的间断采样与其连续采样的方法基本一致。

（三）无动力采样

无动力采样是指将采样装置或气样捕集介质暴露于环境空气中，不需要抽气动力，依靠环境空气中待测污染物分子的自然扩散、迁移、沉降等作用而直接采集污染物的采样方式。其监测结果可代表一段时间内待测环境空气污染物的时间加权平均浓度或浓度变化趋势。

污染物无动力采样时间及采样频次，应根据监测点位环境空气中污染物的浓度水平、分析方法的检出限及不同监测目的确定。通常，硫酸盐化速率及氟化物采样时间为 7~30 天。但要获得月平均浓度值，样品的采样时间应不少于 15 天。具体采样过程可参见具体污染物的采样分析方法标准。

二、大气样品和废气样品的采样仪器

将收集器、流量计、采样动力及气样预处理、流量调节、自动定时控制等部件组装在一起，就构成了专用采样器。有多种型号的商品空气采样器出售，按其用途可分为空气采样器、颗粒物采样器和个体采样器。

（一）空气采样器

用于采集空气中气态和蒸气态物质，采样流量为 0.5~2.0 L/min，一般可用交流、直流两种电源供电。

（二）颗粒物采样器

颗粒物采样器有总悬浮颗粒物（TSP）采样器和可吸入颗粒物（PM 10）采样器。

1. 总悬浮颗粒物采样器

这种采样器按其采气流量大小分为大流量、中流量和小流量三种类型。

大流量采样器由滤料采样夹、抽气风机、流量控制器、流量记录仪、工作计时器及其程序控制器、壳体等组成。滤料采样夹可安装 20 cm × 25 cm 的玻璃纤维滤膜，以 1.1~1.7 m^3/min 流量采样 8~24 h。当采气量达 1 500~2 000 m^3 时，样品滤膜可用于测定颗粒物中的金属、无机盐及有机污染物等组分。

中流量采样器由采样夹、流量计、采样管及采样泵等组成。这种采样器的工作原理与大流量采样器相似，只是采样夹面积和采样流量比大流量采样器小。我国规定采样夹有效直径为 80 mm 或 100 mm。当用有效直径 80 mm 滤膜采样时，采气流量控制在 7.2~9.6 m^3/h；当用有效直径 100 mm 滤膜采样时，采气流量控制在 11.3~15 m^3/h。

2. 可吸入颗粒物采样器

采集可吸入颗粒物（PM 10）广泛使用大流量采样器。在连续自动监测仪器中，可采用静电捕集法、β 射线吸收法或光散射法直接测定 PM 10 浓度。但不论哪种采样器都装有分离粒径大于 10 μm 颗粒物的装置（称为分尘器或切割器），分尘器有旋风式、向心式、撞击式等多种。它们又分为二级式和多级式。前者用于采集粒径 10 μm 以下的颗粒物，后者可分级采集不同粒径的颗粒物，用于测定颗粒物的粒度分布。

二级旋风式分尘器在工作时，高速空气沿 180° 渐开线进入分尘器的圆筒体，形成旋转气流，在惯性离心力的作用下，将颗粒物甩到筒壁上并继续向下运动，粗颗粒物在不断与筒壁碰撞中失去前进的能量而落入大颗粒物收集器内，细颗粒物随气流沿气体排出管上升，被过滤器的滤膜捕集，从而将粗、细颗粒物分开。

向心式分尘器原理为：当气流从气流喷孔高速喷出时，因所携带的颗粒物质量大小不同，惯性也不同，颗粒物质量越大，惯性越大。不同粒径的颗粒物各有一定的运动轨迹，其中，质量较大的颗粒物运动轨迹接近中心轴线，最后进入锥形收集器被底部的滤膜收集；质量较小的颗粒物惯性小，离中心轴线较远，偏离锥形收集器入口，随气流进入下一级。第二级的气流喷孔直径和锥形收集器的入口孔径变小，二者之间距离缩短，使小一些的颗粒物被收集。第三级的气流喷孔直径和锥形收集器的入口孔径又比第二级小，其间距离更短，所收集的颗粒物更细。如此经过多级分离，剩下的极细颗粒物到达最底部，被夹持的滤膜收集。

撞击式分尘器的工作原理为：当含颗粒物的气体以一定速度由喷孔喷出后，颗粒物获得一定的动能并且有一定的惯性。在同一喷射速度下，粒径（质量）越大，惯性越大，因此，气流从第一级喷孔喷出后，惯性大的大颗粒物难以改变运动方向，与第一级捕集板碰撞被沉积下来，而惯性较小的小颗粒物则随气流绕过第一级捕集板进入第二级喷孔。因第二级喷孔较第一级小，故喷出颗粒物动能增加，速度增大，其中惯性较大的颗粒物与第二级捕集板碰撞而沉积，而惯性较小的颗粒物继续向下一级运动。如此一级一级地进行下去，则气流中的颗粒物由大到小地被分开，沉积在各级捕集板上，最末一级捕集板用玻璃纤维滤膜代替，捕集更小的颗粒物。以此制成的采样器可以设计为三级到六级，也有八级的，称为多级撞击式采样器。单喷孔多级撞击式采样器采样面积有限，不宜长时间连续采样，否则会因捕集板上堆积颗粒物过多而造成损失。多喷孔多级撞击式采样器捕集面积大，其中应用较普遍的一种称为安德森采样器，由八级组成，每级有 200~400 个喷孔，最后一级也是用玻璃纤维滤膜代替捕集板捕集小颗粒物。安德森采样器捕集颗粒物的粒径范围为 0.34~11 μm。

可吸入颗粒物采样器必须用标准粒子发生器制备的标准粒子进行校准，要求在一定采样流量时，采样器的捕集效率在 50% 以上，截留点的粒径（D 50）为（10 ± 1） μm。

（三）个体采样器

个体采样器主要用于研究空气污染物对人体健康的危害。其特点是体积小、质量小，佩戴在人体上可以随人的活动连续地采样，反映人体实际吸入的污染物量。扩散法采样剂量器由外壳、扩散层和收集剂三部分组成，其工作原理是空气通过剂量器外壳通气孔进入扩散层，则被收集组分分子也随之通过扩散层到达收集剂表面被吸附或吸收。收集剂为吸附剂、化学试剂浸渍的惰性颗粒物质或滤膜，如用吗啡啉浸渍的滤膜可采集大气中的 SO_2 等。渗透法采样剂量器由外壳、渗透膜和收集剂组成。渗透膜为有机合成薄膜，如硅酮膜等；收集剂一般用吸收液或固体吸附剂，装在具有渗透膜的盒内，气体分子通过渗透膜到达收集剂被收集，如空气中的 H_2S 通过二甲基硅酮膜渗透到含有乙二胺四乙酸二钠的 0.2 mol/L 的氢氧化钠溶液而被吸收。

第三节　大气环境质量的监测

大气中的有害物质是多种多样的，不同地区的污染类型和排放污染物种类不尽相同，因此，在进行大气质量评价时，应根据各地的实际情况确定需要监测的大气环境指标。监测分析方法首先选择国家颁布的标准分析方法。环境空气质量监测的基本项目有 PM 10、PM 2.5、二氧化硫、二氧化氮、一氧化碳和臭氧六种，其他监测项目有总悬浮颗粒物、氮氧化物、铅和苯并［a］芘四种。下面结合相应的国家标准分类介绍常见大气污染物的检测方法。

一、颗粒物（PM 10、PM 2.5 和 TSP）的测定

大气颗粒物是指悬浮在大气中的固态或液态颗粒物，根据其粒径大小，分为总悬浮颗粒物 TSP（空气动力学当量直径小于或等于 100 μm）、可吸入颗粒物 PM 10（空气动力学当量直径小于或等于 10 μm）和细颗粒物 PM 2.5（空气动力学当量直径小于或等于 2.5 μm）。近年来，随着我国社会经济的快速发展，多个地区接连出现以颗粒物（PM 10 和 PM 2.5）为特征污染物的灰霾天气，大气颗粒物已成为长期影响我国环境空气质量的首要污染物。一般可将颗粒物排放源分为固定燃烧源、生物质开放燃烧源、工业工艺过程源和移动源。颗粒物是大气污染物中数量最大、成分复杂、性质多样、危害较大的常规监测项目，它本身可以是有毒物质，还可以是其他有毒有害物质在大气中的运载体、催化剂或反应床。在某些情况下，颗粒物质与所吸附的气态或蒸气态物质结合，会产生比单个组分更大的协同毒性作用。因此，对颗粒物质的研究是控制大气污染的一个重要内容。

大气中颗粒物质的检测项目有可吸入颗粒物（PM 10）、细颗粒物（PM 2.5）和总悬浮颗粒物（TSP）等。

（一）PM 10 和 PM 2.5 的测定

测定 TSP、PM 10 和 PM 2.5 的手工监测方法主要为重量法，PM 10 和 PM 2.5 连续监测系统所配置监测仪器的测量方法一般为微量振荡天平法和 β 射线法。

1. 重量法

PM 2.5 和 PM 10 重量法的原理：分别通过具有一定切割特性的采样器，以恒速抽取定量体积的空气，使环境空气中的 PM 2.5 和 PM 10 被截留在已知质量的滤膜上，根据采样前后滤膜的质量差和采样体积，计算出 PM 2.5 和 PM 10 的浓度。

PM 2.5 或 PM 10 采样器由采样入口、PM 10 或 PM 2.5 切割器、滤膜夹、连接杆、流量测量及控制装置、抽气泵等组成。采样器通过流量测量及控制装置控制抽气泵以恒定流量（工作点流量）抽取环境空气，环境空气样品以恒定的流量依次经过采样入口、PM 10 或 PM 2.5 切割器，颗粒物被捕集在滤膜上，气体经流量计、抽气泵由排气口排出。采样器实时测量流量计计前压力、计前温度、环境大气压、环境温度等参数对采样流量进行控制。

工作点流量是指采样器在工作环境条件下，采样流量保持定值，并能保证切割器切割特性的流量。对 PM 10 或 PM 2.5 采样器的工作点流量不做必须要求，一般大、中、小流量采样器的工作点流量分别为 1.05 m^3/min、100 L/min、16.67 L/min。

PM 10 切割器和采样系统的技术指标为：切割粒径 D_{a50}=（10 ± 0.5）μm；捕集效率的几何标准差为 σ_g=（1.5 ± 0.1）μm。PM 2.5 切割器和采样系统的技术指标为：切割粒径 D_{a50}=（2.5 ± 0.2）μm；

捕集效率的几何标准差为 $\sigma_g=(1.2\pm0.1)\ \mu m$。$D_{a50}$ 表示 50% 切割粒径，指切割器对颗粒物的捕集效率为 50% 时所对应的粒子空气动力学当量直径。捕集效率的几何标准差表述为捕集效率为 16% 时对应的粒子空气动力学当量直径与捕集效率为 50% 时对应的粒子空气动力学当量直径的比值。

切割器应定期清洗，一般累计采样 168 h 应清洗一次，如遇扬尘、沙尘暴等恶劣天气，应及时清洗。

2. 连续自动监测法

微量振荡天平法是在质量传感器内使用一个振荡空心锥形管，在其振荡端安装可更换的滤膜，振荡频率取决于锥形管的特征和质量。当采样气流通过滤膜，其中的颗粒物沉积在滤膜上，滤膜的质量变化导致振荡频率的变化，通过振荡频率变化计算出沉积在滤膜上颗粒物的质量，再根据流量、现场环境温度和气压计算出该时段 PM 10 和 PM 2.5 颗粒物的浓度。

3. β 射线法

β 射线法是利用 β 射线衰减的原理，环境空气由采样泵吸入采样管，经过滤膜后排出，颗粒物沉积在滤膜上，当 β 射线通过沉积着颗粒物的滤膜时，β 射线的能量衰减，通过对衰减量的测定便可计算出 PM 10 和 PM 2.5 颗粒物的浓度。

（二）总悬浮颗粒物的测定

总悬浮颗粒物（total suspended particulate matter，TSP）可分为一次颗粒物和二次颗粒物。一次颗粒物是由天然污染源和人为污染源释放到大气中直接造成污染的物质，如风扬起的灰尘、燃烧和工业烟尘；二次颗粒物则是通过某些大气化学过程所产生的微粒，如二氧化硫转化生成硫酸盐。具有切割特性的采样器，以恒速抽取定量体积的空气，空气中悬浮颗粒物被截留在已恒重的滤膜上。根据采样前、后滤膜质量之差及采样体积，计算总悬浮颗粒物的浓度，其计算公式为：

$$\text{TSP 含量}(\mu g/m^3) = \frac{KW}{Q_N t}$$

式中，W——截留在滤膜上的悬浮颗粒物总质量，mg；

t——累计采样时间，min；

Q_N——采样器平均抽气流量，m^3/min；

K——常数，大流量采样器 $K=1\times10^6$，中流量采样器 $K=1\times10^9$。

该方法适用于大流量或中流量总悬浮颗粒物采样器（简称采样器）进行空气中总悬浮颗粒物的测定，但不适用于总悬浮颗粒物含量过高或雾天采样使滤膜阻力大于 10 kPa 时情况。该方法的检测下限为 0.001 mg/m^3。当对滤膜经选择性预处理后，可进行相关组分分析。

当两台总悬浮颗粒物采样器安放位置相距不大于 4 m、不少于 2 m 时，同样采样测定总悬浮颗粒物的含量，相对偏差不大于 15%。

二、气态污染物的测定

大气中的含硫污染物主要有 H_2S、SO_2、SO_3、CS_2、H_2SO_4 和各种硫酸盐，主要来源于煤和石油燃料的燃烧、含硫矿石的冶炼、硫酸等化工产品生产排放的废气。

（一）SO_2 的测定

SO_2 是主要空气污染物之一，为例行监测的必测项目。它来源于煤和石油等燃料的燃烧、含硫矿石的冶炼、硫酸等化工产品生产排放的废气。SO_2 是一种无色、易溶于水、有刺激性气味的气体，能通过呼吸进入气管，对局部组织产生刺激和腐蚀作用，是诱发支气管炎等疾病的原因之一，特别是当它与烟尘等气溶胶共存时，可加重对呼吸道黏膜的损害。

测定空气中 SO_2 常用的方法有分光光度法、紫外荧光光谱法、电导法、库仑滴定法和气相色谱法。其中，紫外荧光光谱法和电导法主要用于自动监测。

（二）氮氧化物的测定

空气中的氮氧化物以一氧化氮、二氧化氮、三氧化二氮、四氧化二氮、五氧化二氮等多种形态存在，其中一氧化氮和二氧化氮是主要存在形态，为通常所指的氮氧化物（NO_x）。它们主要来源于化石燃料高温燃烧和硝酸、化肥等生产工业排放的废气，以及汽车尾气。

NO 为无色、无臭、微溶于水的气体，在空气中易被氧化成 NO_2。NO_2 为红棕色具有强烈刺激性气味的气体，毒性比 NO 高 4 倍，是引起支气管炎、肺损伤等疾病的有害物质。空气中 NO、NO_2 常用的测定方法有盐酸萘乙二胺分光光度法、化学发光分析法及原电池库仑滴定法。

（三）CO 的测定

一氧化碳（CO）是空气中的主要污染物之一，它主要来自石油、煤炭燃烧不充分的产物和汽车尾气；一些自然现象如火山爆发、森林火灾等也是来源之一。

CO 是一种无色、无臭的有毒气体，燃烧时呈淡蓝色火焰。它容易与人体血液中的血红蛋白结合，形成碳氧血红蛋白，使血液输送氧的能力降低，造成缺氧症。中毒较轻时，会出现头痛、疲倦、恶心、头晕等感觉；中毒严重时，则会发生心悸、昏迷、窒息甚至造成死亡。

测定空气中 CO 的方法有非色散红外吸收法、气相色谱法、定电位电解法、汞置换法等。其中，非色散红外吸收法常用于自动监测。

（四）O_3 的测定

臭氧是最强的氧化剂之一，它是空气中的氧在太阳紫外线的照射下或在闪电的作用下形成的。臭氧具有强烈的刺激性，在紫外线的作用下，参与烃类和 NO_x 的光化学反应。同时，臭氧又是高空大气的正常组分，能强烈吸收紫外线，保护人和其他生物免受太阳紫外线的辐射。但是，O_3 超过一定浓度，对人体和某些植物生长会产生一定危害。近地面空气中可测到 0.04~0.1 mg/m^3 的 O_3。

目前测定空气中 O_3 广泛采用的方法有硼酸碘化钾分光光度法、靛蓝二磺酸钠分光光度法、化学发光分析法和紫外吸收法。其中，化学发光分析法和紫外吸收法多用于自动监测。

（五）氟化物的测定

空气中的气态氟化物主要是氟化氢，也可能有少量氟化硅（SiF_4）和氟化碳（CF_4）。含氟粉尘主要是冰晶石（Na_3AlF_6）、萤石（CaF_2）、氟化铝（AlF_3）、氟化钠（NaF）及磷灰石［$3Ca_3(PO_4)_2 \cdot CaF_2$］等。氟化物污染主要来源于铝厂、冰晶石和磷肥厂、用硫酸处理萤石及制造和使用氟化物、氢氟酸等部门排放或逸散的气体和粉尘。氟化物属高毒类物质，由呼吸道进入人体，刺激黏膜、引起中毒等症状，并能影响各组织和器官的正常生理功能。由于氟化物对植物的生长也会产生危害，因此，人们已利用某些敏感植物监测空气中的氟化物。

测定空气中氟化物的方法有分光光度法、离子选择电极法等。离子选择电极法具有简便、准确、灵敏和选择性好等优点，是目前广泛采用的方法。

（六）其他污染物质的测定

空气中气态和蒸气态污染物质是多种多样的，由于不同地区排放污染物质的种类不尽相同，评价环境空气质量时，往往还需要测定其他污染组分，下面再简要介绍几种有机污染物的测定。

1. 苯系物的测定

苯系物包括苯、甲苯、乙苯、邻二甲苯、对二甲苯、间二甲苯等，可经富集采样、解吸，用气相色谱法测定。常用活性炭吸附或低温冷凝法采样，二硫化碳洗脱或热解吸后进样，经 PEG-6000 柱分离，用火焰离子化检测器检测。根据保留时间定性，根据峰高（或峰面积）利用标准曲线法定量。

2. 挥发酚的测定

常用气相色谱法或 4- 氨基安替比林分光光度法测定空气中的挥发酚（苯酚、甲酚、二甲酚等）。

气相色谱法测定挥发酚用 GDX-502 采样管吸附采样，三氯甲烷解吸后进样，经液晶 PBOB 色谱柱分离，用火焰离子化检测器检测，根据保留时间定性，根据峰高（或峰面积）利用标准曲线法定量。

4- 氨基安替比林分光光度法用装有碱性溶液的吸收瓶采样，经水蒸气蒸馏除去干扰物，馏出液中的酚在铁氰化钾存在条件下，与 4- 氨基安替比林反应，生成红色的安替比林染料，于 460 nm 处测其吸光度，以标准曲线法定量。当酚浓度低时，可用三氯甲烷萃取安替比林染料后测定。

3. 甲基对硫磷和敌百虫的测定

甲基对硫磷（甲基 1605）是我国广泛应用的杀虫剂，属高毒物质。常用的测定方法有气相色谱法、盐酸萘乙二胺分光光度法，后者干扰因素较多。

气相色谱法用硅胶吸附管采样，丙酮洗脱，DC550 和 OV-210/chromosorb WHP 色谱柱分离，火焰光度检测器测定，以峰高（或峰面积）标准曲线法定量。也可以用酸洗 101 白色担体采样管采样，乙酸乙酯洗脱，经 OV–17 shimalite WAW DMCS 柱分离，用火焰离子化检测器测定。

敌百虫的化学名称为 O，O′ – 二甲基 –（2，2，2– 三氯 –1– 羟基乙基）磷酸酯，是一种低毒有机磷杀虫剂，常用硫氰酸汞分光光度法测定。测定原理为：用内装乙醇溶液的多孔筛板吸收管采样，在采样后的吸收液中加入碱溶液，使敌百虫水解，游离出氯离子，再在高氯酸、高氯酸铁和硫氰酸汞存在的条件下，使氯离子与硫氰酸汞反应，置换出硫氰酸根离子，并与铁离子生成橙红色的硫氰酸铁，于 470 nm 处用分光光度法间接测定敌百虫浓度。空气中的氯化氢、颗粒物中的氯化物及水解后生成氯离子的其他有机氯化合物干扰测定，可另测定在中性水溶液中不经水解的样品中氯离子的含量，再从水解样品测得的总氯离子含量中扣除。

4. 二噁英类的测定

二噁英类是多氯代二苯并对二噁英（PCDDs）和多氯代二苯并呋喃（PCDFs）的统称，共有 210 种同类物。二噁英类是一类非常稳定的亲脂性化合物，其分解温度大于 700 ℃，极难溶于水，可溶于大部分有机溶剂，因此二噁英类容易在生物体内积累。作为环境内分泌干扰物，二噁英类不仅可以引起免疫系统损伤和生殖障碍，还被认为具有很强的致癌性。

二噁英类的测定是利用滤膜和吸附材料对环境空气或废气中的二噁英类进行采样，采集的样品加入 ^{13}C 标记或 ^{37}Cl 标记化合物作为内标物，分别对滤膜和吸附材料进行处理得到样品提取液，再经过净化和浓缩转化为最终分析样品溶液，用高分辨气相色谱—高分辨质谱（HRGC–HRMS）法进行定性和定量分析。

三、环境空气颗粒物中铅的测定

大气中铅的来源有天然因素和非天然因素。天然因素包括地壳侵蚀、火山爆发、海啸等将地壳中的铅释放到大气中；非天然因素主要指来自工业、交通方面的铅排放。研究认为，非自然性排放是铅污染的主要来源，并以含铅汽油燃烧的排铅量为最高，是全球环境铅污染的主要因素。

大气中的铅大部分颗粒直径为 0.5 μm 或更小，因此可以长时间地飘浮在空气中。如果接触高浓度的含铅气体，就会引起严重的急性中毒症状，但这种状况比较少见。常见的是长期吸入低浓度的含铅气体，引起慢性中毒症状，如头昏、头痛、全身无力、失眠、记忆力减退等神经系统综合征。铅还有高度的潜在致癌性，其潜伏期长达 20~30 年。

测定大气颗粒物中铅的方法有火焰原子吸收分光光度法（GB/T 15264–94）、石墨炉原子吸收分光光度法（HJ 539–2009）和电感耦合等离子体质谱法（HJ 657–2013）。

1. 火焰原子吸收分光光度法

火焰原子吸收分光光度法测定铅的方法原理：用玻璃纤维滤膜采集的试样，经硝酸一过氧化氢溶液浸出制备成试样溶液，并直接吸入空气 – 乙炔火焰中原子化，在 283.3 nm 处测量基态原子对空心阴极灯特征辐射的吸收。在一定条件下，吸光度与待测样中的 Pb 浓度成正比，根据标准工作曲线进行定量。

当采样体积为 50 m^3 进行测定时，最低检出浓度为 5×10^{-4} mg/m^3。

2. 石墨炉原子吸收分光光度法

方法基本原理：用乙酸纤维或过氧乙烯等滤膜采集环境空气中的颗粒物样品，经消解后制备成试样溶液，用石墨炉原子吸收分光光度计测定试样中铅的浓度。

该方法检出限为 0.05 μg/50 mL 试样溶液。

3. 电感耦合等离子体质谱法

电感耦合等离子体质谱法（ICP-MS）适用于环境空气 PM 2.5、PM 10、TSP 以及无组织排放和污染源废气颗粒物中铅等多种金属元素的测定。方法及原理为：使用滤膜采集环境空气中的颗粒物，使用滤筒采集污染源废气中的颗粒物，采集的样品经预处理（微波消解或电热板消解）后，利用电感耦合等离子体质谱仪测定各金属元素的含量。

当空气采样量为 150 m^3（标准状态），污染源废气采样量为 0.600 m^3（标准状态干烟气）时，方法检出限分别为 0.6 ng/m^3 和 0.2 $\mu g/m^3$。

四、大气中苯并［a］芘的测定

大气中的苯并［a］芘主要来自热电工业、工业过程炼焦及催化裂解、废物和开放性燃烧、各类车辆释放的尾气、烹调的油烟等。苯并［a］芘是环境中普遍存在的一种强致癌物质。

测定空气颗粒物中的苯并［a］芘要经过提取、分离和测定等步骤。测定苯并［a］芘的主要方法有乙酰化滤纸层析 – 荧光分光光度法（GB 8971）、高压液相色谱法（GB/T 15439）、紫外分光光度法等。由于高压液相色谱法可分离分析沸点高、热稳定性差、相对分子质量大于 400 的有机化合物，并具有分离效果好、灵敏度高、测定速度快等特点，是较为普遍采用的测定大气中苯并［a］芘的方法。

1. 液相色谱法

液相色谱法的基本原理：将采集在玻璃纤维滤膜上的颗粒物中的苯并［a］芘（简称 B［a］P）及一切有机溶剂可溶物，用环已烷在水浴上以索氏提取器连续加热提取。提取液注入高效液相色谱，通过色谱柱的 B［a］P 与其他化合物分离，然后用荧光检测器对其进行定量 测定。

该方法用大流量采样器（流量为 1.13 m^3/min）连续采集 24 h，乙腈/水作流动相,最低检出浓度为6×10^{-5} μg/m^3; 甲醇/水作流动相，最低检出浓度为 1.8×10^{-4} μg/m^3。

2. 乙酰化滤纸层析－荧光分光光度法

方法基本原理：苯并［a］芘易溶于咖啡因水溶液、环己烷、苯等有机溶剂中。将采集在玻璃纤维滤膜上的颗粒物的 B［a］P 及一切有机溶剂可溶物，用环己烷在水浴上以索氏提取器连续加热提取后进行浓缩，并用乙酰化滤纸层析分离。B［a］P 斑点用丙酮洗脱后，用荧光分光光度法定量测定，测定发射波长为 402 nm、405 nm 和 408 nm 的荧光强度。用窄基线法计算出标准苯并［a］芘和样品中苯并［a］芘的相对荧光强度 F，再由下式计算出空气颗粒物中苯并［a］芘的含量：

$$F=\frac{F_{402\ \mathrm{nm}}+F_{408\ \mathrm{nm}}}{2}$$

$$c=\frac{F}{F_S}\times W_S\times\frac{K}{V_n}\times100$$

式中，F——样品洗脱液相对荧光强度；

F_s——标准 B［a］P 洗脱液相对荧光强度；

c——环境空气可吸入颗粒物中 B［a］P 的浓度，μg/100 m^3；

V_n——标准状态下的采样体积，m^3；

W_s——标准 B［a］P 的点样量，μg；

K——环己烷提取液总体积与浓缩时所取的环己烷提取液的体

积比。

该方法的检测下限为0.001 μg/5 mL；当采样体积为40 m^3时，最低检出浓度为0.002 μg/100 m^3。

第四节　废气污染源的监测

空气污染源包括固定污染源和流动污染源。固定污染源又分为有组织排放源和无组织排放源。有组织排放源指烟道、烟囱及排气筒等。无组织排放源指设在露天环境中的无组织排放设施或无组织排放的车间、工棚等。它们排放的废气中既含有固态的烟尘和粉尘，也含有气态和气溶胶态的多种有害物质。流动污染源指汽车、火车、飞机、轮船等交通运输工具排放的废气，含有一氧化碳、氮氧化物、碳氢化合物、烟尘等。

一、固定污染源的监测

（一）监测目的和要求

监测目的：检查排放的废气中有害物质的含量是否符合国家或地方的排放标准和总量控制标准；评价净化装置及污染防治设施的性能和运行情况，为空气质量评价和管理提供依据。

进行监测时，要求生产设备处于正常运转状态下，对因生产过程引起排放情况变化的污染源，应根据其变化特点和周期进行系统监测。

监测内容包括废气排放量、污染物质排放浓度及排放速率（质量流量，kg/h）。

在计算废气排放量和污染物质排放浓度时，都使用标准状况下的干气体体积。

（二）采样点的布设

采样位置是否正确，采样点数目是否适当，是决定能否获得代表性的废气样品和能否尽可能地节约人力、物力的很重要的工作，因此，应在调查研究的基础上，综合分析后确定。

1. 采样位置

采样位置应选在气流分布均匀稳定的平直管段上，避开弯头、变径管、三通管及阀门等易产生涡流的阻力构件。一般原则是按照废气流向，将采样断面设在阻力构件下游方向大于 6 倍管道直径处或上游方向大于 3 倍管道直径处。对于矩形烟道，其等效直径 $D=2AB/(A+B)$，其中 A、B 为断面边长。即使客观条件难以满足要求，采样断面与阻力构件的距离也不应小于管道直径的 1.5 倍，并适当增加采样点数目和采样频率。采样断面气流流速最好在 5 m/s 以下。此外，由于水平管道中的气流流速与污染物的浓度分布不如垂直管道中均匀，所以应优先考虑垂直管道。还要考虑方便、安全等因素。

2. 采样点数目

由于烟道内同一断面上各点的气流流速和烟尘浓度分布通常是不均匀的，所以必须按照一定原则进行多点采样。采样点的位置和数目主要根据烟道断面的形状、尺寸大小和流速分布情况确定。

（1）圆形烟道

在选定的采样断面上设两个相互垂直的采样孔，将烟道断面分成一定数量的同心等面积圆环，沿着两个采样孔中心线设四个采样点。若采样断面上气流流速较均匀，可设一个采样孔，采样点数减半。当烟道直径小于 0.3 m，且气流流速均匀时，可在烟道中心设一个采样点。不同直径圆形烟道的等面积圆环数、测量直径数及采样点数不同，原则上采样点应不超过 20 个。

（2）矩形烟道

将烟道断面分成一定数目的等面积矩形小块，各小块中心即为采样点位置。矩形小块的数目可根据烟道断面面积，按照表 3–2 所列数据确定。

表 3–2　矩形烟道的分块和采样点数

烟道断面面积	等面积矩形小块的边长 /m	采样点数
< 0.1	< 0.32	1
0.1~0.5	< 0.35	1~4
0.5~1.0	< 0.50	4~6
0.1~4.0	< 0.67	6~9
4.0~9.0	< 0.75	9~16
> 9.0	≤ 1.0	16~20

当水平烟道内积灰时，应从总断面面积中扣除积灰断面面积，按有效面积设置采样点。

在能满足测压管和采样管到达各采样点位置的情况下，尽可能地少开采样孔，一般开两个互成 90° 的采样孔。采样孔内径应不小于 80 mm，采样孔管长应不大于 50 mm。对正压下输送的高温或有毒废气的烟道应采用带有闸板阀的密封采样孔。

（三）烟气参数的测定

1. 烟气温度的测定

在采样孔或采样点的位置测定排气温度，一般情况下可在靠近烟道中心的一点测定。测定仪器如下：

水银玻璃温度计: 精确度应不低于2.5%,最小分度值应不大于2℃。

热电偶或电阻温度计：示值误差不大于 ±3 ℃。

测定步骤：将温度测量单元插入烟道中测点处，封闭测孔，待温度计读数稳定后读数。使用玻璃温度计时，注意不可将温度计抽出烟道外读数。

2. 烟气含湿量的测定

干湿球法。烟气以一定的速度流经干、湿球温度计，根据干、湿球温度计的读数和测点处的烟气绝对压力，来确定烟气的含湿量。

冷凝法。抽取一定体积的烟气，使之通过冷凝器，根据冷凝出来的水量加上从冷凝器排出的饱和气体含有的水蒸气量，来确定烟气的含湿量。

重量法。从烟道中抽取一定体积的烟气，使之通过装有吸湿剂的吸湿管，烟气中的水汽被吸湿剂吸收，吸湿管的增重即为已知体积烟气中含有的水汽量。常用的吸湿剂有氯化钙、氧化钙、硅胶、氧化铝、五氧化二磷和过氯酸镁等。在选用吸湿剂时，应注意选择只吸收烟气中的水汽而不吸收其他气体的吸湿剂。

3. 烟气中 CO、CO_2、O_2 等气体成分的测定

烟气中 CO、CO_2、O_2 等气体成分可采用奥氏气体分析仪法和仪器分析方法测定。然而，奥氏气体分析仪适合测定含量较高的组分。当烟气成分含量较低时，可用仪器分析的方法测定。例如，可用电化学法、热磁式氧分析仪法或氧化锆氧分析仪法测定 O_2；用红外线气体分析仪或热导式分析仪测定 CO_2；等。

4. 流速和流量的测定

由于气体流速与气体动压的平方根成正比，所以根据测得某测点处的动压、静压及温度等参数计算气体的流速，进而根据管道截面积和测定出的烟气平均流速计算出烟气流量。

（1）测量仪器

标准型皮托管。标准型皮托管是一个弯成 90° 的双层同心圆管，前端呈半圆形，正前方有一个开孔，与内管相通，用来测定全压。

在距前端 6 倍直径处外管壁上开有一圈孔径为 1 mm 的小孔，通至后端的侧出口，用来测定排气静压。按照上述尺寸制作的皮托管的修正系数 Kp 为 0.99 ± 0.01。标准型皮托管的测孔很小，当烟道内颗粒物浓度大时易被堵塞。它适用于测量较清洁的排气。

S 形皮托管。S 形皮托管由两根相同的金属管并联组成。测量端有方向相反的两个开口，测量时，面向气流的开口测得的压力为全压，背向气流的开口测得的压力小于静压。此 S 形皮托管的修正系数 Kp 为 0.84 ± 0.01。制作尺寸与上述要求有差别的 S 形皮托管的修正系数需要进行校正，其正反方向的修正系数相差应不大于 0.01。S 形皮托管的测压孔开口较大，不易被颗粒物堵塞，且便于在厚壁烟道中使用。

其他仪器。U 形压力计：用于测定排气的全压和静压，其最小分度值应不大于 10 Pa。斜管微压计：用于测定排气的动压，其精确度应不低于 2%，其最小分度值应不大于 2 Pa。大气压力计：最小分度值应不大于 0.1 Pa。流速测定仪：由皮托管、温度传感器、压力传感器、控制电路及显示屏组成，可以自动测定烟道断面各测点的排气温度、动压、静压及环境大气压，从而根据测得的参数自动计算出各点的流速。

（2）测定步骤

①准备工作。将微压计调整至水平位置，检查微压计液柱中有无气泡，然后分别检查微压计和皮托管是否漏气。

②测量气流的动压。将微压计的液面调整至零点，在皮托管上标出各测点应该插入皮托管的位置，将皮托管插入采样孔。在各测点上，使皮托管的全压测孔正对着气流方向，其偏差不得超过 100，测出各测点的动压，分别记录下来。重复测定一次，取平均值。测定完毕后，要注意检查微压计的液面是否回到原点。

③测量排气的静压。使用S形皮托管时只用其一路测压管，其出口端用胶管与U形压力计一端相连，将S形皮托管插到烟道近中心处的测点，使其测量端开口平面平行于气流方向，所测得的压力即为静压。

④测量排气温度，并使用大气压力计测量大气压力。

（3）计算

①烟气流速计算。测点气流速度 V_s 按下列公式计算：

$$V_s = K_p \times \sqrt{\frac{2P_d}{\rho_s}} = 128.9K_p \times \sqrt{\frac{(273+t_a)P_d}{M_s(B_a+P_s)}}$$

烟道某一断面的平均流速 $\overline{V_s}$ 可根据断面上各测点测出的流速 V_{si} 由下列公式计算：

$$\overline{V_s} = \frac{\sum_{i=1}^{n} V_{si}}{n} = 128.9K_p \times \sqrt{\frac{273+t_s}{M_s(B_a+P_s)}} \times \frac{\sum_{i=1}^{n}\sqrt{P_{di}}}{n}$$

当干排气成分与空气近似时，排气的露点温度在35~55 ℃之间，排气的绝对压力在97~103 kPa之间时，V_s 和 $\overline{V_s}$ 可以分别按下列公式进行计算：

$$V_s = 0.076K_p\sqrt{273+t_a} \times \sqrt{P_d}$$

$$\overline{V_s} = 0.076K_p\sqrt{273+t_s} \times \frac{\sum_{i=1}^{n}\sqrt{P_{di}}}{n}$$

对于接近常温常压条件下（t_a=20℃，B_a+P_s=101 325 Pa），通风

管道的空气流速 V_a 和平均流速 $\overline{V}_a$ 分别按下列公式进行计算：

$$V_a = 1.29K_p\sqrt{P_d}$$

$$\overline{V}_a = 1.29K_p\frac{\sum_{i=1}^{n}\sqrt{P_{di}}}{n}$$

式中：V_s——湿排气的气体流速，m/s；

V_a——常温常压下通风管道的空气流速，m/s；

B_a——大气压力，Pa；

K_p——皮托管修正系数；

P_d——烟气动压，Pa；

P_s——烟气静压，Pa；

r_S——湿排气的密度，kg/m^3；

M_s——湿排气的摩尔质量，g/mol；

t_s——排气温度，℃；

P_{di}——某一测点的动压，Pa；

n——测点的数目。

②烟气流量计算。烟气流量等于测点烟道横断面积乘以烟气平均流速，按下列公式计算：

$$Q_s = \overline{V}_s S \times 3600$$

式中，Q_s——烟气流量，m^3/h；

S——测定点烟道横断面积，m^2。

标准状态下干烟气流量按公式计算：

$$Q_{snd}=Q_s\times(1-X_{sw})\frac{B_a+P_s}{101\ 325}\times\frac{273}{273+t_s}$$

式中，Q_{snd}——标准状态下干烟气的流量，m^3/h；

X_{sw}——排气中水分的体积分数，%。

二、流动污染源的监测

汽车、火车、飞机、轮船等排放的废气主要是汽（柴）油燃烧后排出的尾气，特别是汽车，其数量大，排放的有害气体是造成空气污染的主要原因之一。废气中主要含有一氧化碳、氮氧化物、烃类（HC）、烟尘和少许二氧化硫、醛类、3，4- 苯并芘等有害物质。

（一）汽油车怠速与高怠速工况下排气中污染物的测定

汽车排气中污染物含量与其运转工况（怠速、加速、定速、减速）有关。因为怠速法试验工况简单，可使用已有的汽车排气污染物测试设备测定 CO、CO_2、HC 和 O_2，故应用广泛。

1. 怠速与高怠速工况条件

怠速工况指发动机无负载运转状态，即发动机运转，离合器处于接合位置，油门踏板与手油门处于松开位置，变速器处于空挡位置（对于自动变速箱的车应处于“停车”或“P”档位）；采用化油器的供油系统，其阻风门处于全开位置；油门踏板处于完全松开位置。

高怠速工况指满足上述（除最后一项）条件，用油门踏板将发动机转速稳定控制在 50% 额定转速或制造厂技术文件中规定的高怠速转速时的工况。

2. 污染物的测定

对于汽车双怠速法排气污染物的测定，目前可采用非色散红外吸收法（NDIR）测定 CO、CO_2、HC，采用电化学电池法测定 O_2。测定时，首先将发动机由怠速工况加速至 70% 额定转速，并维持 30 s

后降至高怠速工况，然后将取样探头插入排气管中，深度不少于 400 mm，并固定在排气管上。维持 15 s 后，由具有平均值计算功能的仪器在 30 s 内读取平均值，或人工读取最高值和最低值，其平均值即为高怠速污染物测量结果。发动机从高怠速工况降至怠速工况 15 s 后，在 30 s 内读取平均值即为怠速污染物测量结果。

（二）汽油车排气中氮氧化物的测定

在汽车尾气排气管处用取样管将废气引出（用采样泵），经冰浴（冷凝除水）、玻璃棉过滤器（除油、尘），抽取到 100 mL 注射器中，然后将抽取的气样经三氧化铬—石英砂氧化管注入无水乙酸、对氨基苯磺酸、盐酸萘乙二胺吸收液显色，显色后用分光光度法测定，测定方法与空气中 NO_x 的测定方法相同。还可以用化学发光 NO_x 监测仪测定。

（三）柴油车排气烟度的测定

由汽车柴油机或柴油车排出的黑烟含多种颗粒物，其组分复杂，但主要是炭的聚合体（占 85% 以上），它往往吸附有 SO_2 及多环芳烃等有害物质。为防止黑烟对环境的污染，国家在《柴油车自由加速烟度排放标准》和《汽车柴油机全负荷烟度排放标准》中，规定了最高允许排放烟度值。

柴油车排气烟度常用滤纸式烟度计测定，以波许烟度单位（Rb）或滤纸烟度单位（FSN）表示。

1. 测定原理

用一台活塞式抽气泵在规定的时间内从柴油车排气管中抽取一定体积的排气，让其通过一定面积的白色滤纸，则排气中的炭粒被阻留附着在滤纸上，将滤纸染黑，其烟度与滤纸被染黑的强度有关。用光电测量装置测量洁白滤纸和染黑滤纸对同强度入射光的反射光强度，依据下式确定排气的烟度（以波许烟度单位表示）。规定洁白滤纸的烟度为零，全黑滤纸的烟度为10。

$$S_F = 10 \times \left(1 - \frac{I}{I_0}\right)$$

式中：S_F——排气烟度，Rb；

I——染黑滤纸的反射光强度；

I_0——洁白滤纸的反射光强度。

由于滤纸的质量会直接影响烟度的测定结果，所以要求滤纸洁白，纤维及微孔均匀，机械强度和通气性良好，以保证烟气中的炭粒能均匀分布在滤纸上，提高测定精度。

2. 滤纸式烟度计

滤纸式烟度计的整体工作原理如下：由取样探头、抽气装置及光电检测系统组成。当抽气泵活塞受脚踏开关的控制而上行时，排气管中的排气依次通过取样探头、取样软管及一定面积的滤纸被抽入抽气泵，排气中的黑烟被阻留在滤纸上，然后用步进电机（或手控）将已抽取黑烟的滤纸送到光电检测系统测量，由指示电表直接指示烟度值。规程中要求按照一定时间间隔测量三次，取其平均值。

烟度计的光电检测系统的工作过程：采集排气后的滤纸经光源照射，其中一部分被滤纸上的炭粒吸收，另一部分被滤纸反射至环形硒光电池，产生相应的光电流，送入测量仪表测量。指示电表刻度盘上已按烟度单位标明刻度。

使用烟度计时，应在取样前用压缩空气清扫取样管路，用烟度卡或其他方法标定刻度。

第五节 大气环境质量评价和废气污染源达标评价

一、大气环境质量评价

描述和反映大气环境质量现状既可以从化学的角度，也可以从生物学、物理学和卫生学的角度，它们都从某一方面说明了大气环境质量的好坏。由于我们最终要保护的是人，以人群效应来检验大气质量好坏的卫生学评价更科学、更合理一些。但这种方法难以定量化，所以目前应用最普遍的是监测评价。

（一）大气污染的形成机理及影响因素分析

污染源向大气环境排放污染物是形成大气污染的根源。污染物质进入大气环境后，在风和湍流的作用下向外输送扩散，当大气中污染物积累到一定程度之后，就改变了原始大气的化学组成和物理性状，构成对人类生产、生活甚至人群健康的威胁，这就是大气污染。

从大气污染的形成看，造成大气污染首先是因为存在着大气污染源；其次，还和大气的运动，即风和湍流有关。影响污染物地面浓度分布的因素主要包括污染源的特性和决定大气运动状况的气象条件与地形条件。

1. 源的形态

大气污染源分为点源、面源和线源，点源又分高架源和地面源。不同类型的源污染能力不同，在同样的气象条件下形成的地面浓度也不同。线源和面源的污染能力比点源大，地面源的污染能力比高架源大。因而，在其他条件相同时，线源和面源造成的地面浓度比点源大，地面源形成的浓度也比高架源大。

2. 源强

源强是污染源单位时间内排放污染物的量，即排放率。显然，源强越大，形成的地面浓度就越大，反之，地面浓度就越小。

3. 源的排放规律

源的排放规律指源的排放特点是间断排放，还是连续排放。间断排放的规律是什么；连续排放是均匀排放还是非均匀排放，若是非均匀排放，排放量随时间变化的规律是什么。所有这些源的排放特点，均和污染物的浓度分布有密切的关系。污染物的浓度往往随着排放的变化而变化。

4. 大气的稀释扩散能力

大气作为污染物质的载体，自身的运动状况决定了对污染物的稀释扩散能力，从而也就决定了污染物的地面浓度分布。影响大气运动状态的因素有地形条件和气象条件，而地形和气象条件往往决定了流场特性、风的结构、大气温度结构等，显然，这些因素都将直接影响污染物的地面浓度分布。

（二）评价工作程序

大气环境质量现状评价工作可分为四个阶段：调查准备阶段、环境监测阶段、评价分析阶段和成果应用阶段。

1. 调查准备阶段

根据评价任务的要求，结合本地区的具体条件，首先确定评价范围。在大气污染源调查和气象条件分析的基础上，拟定该地区的主要大气污染源和污染物以及发生重污染的气象条件，据此制订大气环境监测计划，并做好人员组织和器材准备。

2. 污染监测阶段

有条件的地方应配合同步气象观测，以便为建立大气质量模式积累基础资料，大气污染监测应按年度分季节定区、定点、定时进行。为了分析评价大气污染的生态效应，为大气污染分级提供依据，最好在大气污染监测时，同时进行大气污染生物学和环境卫生学监测，以便从不同角度来评价大气环境质量，使评价结果更科学。

3. 评价分析阶段

评价就是运用大气质量指数对大气污染程度进行描述，分析大气环境质量的时空变化规律，并根据大气污染的生物监测和大气污染环境卫生学监测进行大气污染的分级。此外，还要分析大气污染的成因、主要大气污染因子、重污染发生的条件以及大气污染对人和动植物的影响。

4. 成果运用阶段

根据评价结果，提出综合防治大气污染的对策，如改变燃料构成、调整能源结构、调整工业布局等。

（三）大气污染监测评价

1. 评价因子的选择

选择评价因子的依据是：本地区大气污染源评价的结果、大气例行监测的结果，以及生态和人群健康的环境效应。凡是主要大气污染物，大气例行监测浓度较高以及对生态及人群健康已经有所影响的污染物，均应选为污染监测的评价因子。

目前，我国各地大气污染监测评价的评价因子包括 4 类：尘（降尘、飘尘、悬浮微粒等）、有害气体（二氧化硫、氮氧化物、一氧化碳、臭氧等）、有害元素（氟、铅、汞、镉、砷等）和有机物（苯并［a］芘、总烃等）。评价因子的选择因评价区污染源构成和评价目的而异。进行某个地区的大气环境质量评价时，可根据该区大气污染源的特点和评价目的从上述因子中选择几项，不宜过多。

2. 评价标准的选择

大气环境质量评价标准的选择主要考虑评价地区的社会功能和对大气环境质量的要求，评价时可以分别采用一级、二级或三级质量标准。对于标准中没有规定的污染物，可参照国外相应的标准。有时，也可选择本地区的本底值、对照值、背景值作为评价对比的依据，但这往往受到地区的限制，使评价结果不能相斥比较。

3. 监测

（1）布点

监测布点的方法有网格布点法、放射状布点法、功能分区布点法和扇形布点法等，具体应用时可根据人力、物力条件及监测点条件的限制灵活运用。一般说来，布点要遵循如下几条原则：最好设置对照点；点的设置考虑大气污染源的分布和地形、气象条件：在污染源密集区和污染源密集区的下风侧，要适当增加监测点，争取做到 1~4 km^2 内有一个监测点，而在污染源稀少和评价区的边缘则可以少布一些点，争取做到 4~10 km^2 内有一个监测点；布的点必须能控制住要评价的区域范围，要保持一定的数量和密度；要有大气监测布点图。

（2）采样、分析方法

可采用监测规范中规定的条文和分析方法。

（3）监测频率

一年分四季，以 1 月、4 月、7 月、10 月代表冬、春、夏、秋季。每个季节采样 7 天，一日数次，每次采 20~40 分钟；以一日内几次的平均值代表日平均值，以 7 天的平均值代表季日平均值。

（4）同步气象观测

大气污染程度与气象条件有密切的关系。要准确地分析、比较大气污染监测的结果，一定要结合气象条件来说明。要充分利用本地区气象部门的常规气象资料。如果评价区地形比较复杂，气象场不均匀，则应考虑开展同步气象观测，从而找出大气污染的规律和重污染发生的气象条件。

4. 评价

评价就是对监测数据进行统计、分析，并选用适宜的大气质量指数模型求取大气质量指数。根据大气质量指数及其对应的环境生态效应进行污染分级，绘制大气质量分布图，从而探讨各项大气污染物和环境质量随时空的变化情况，指出造成本地区大气环境质量恶化的主要污染源和主要污染物，研究大气污染对人群和生态环境的影响。最后，要提出改善大气环境质量及防止大气环境进一步恶化的综合防治措施。

二、废气污染源达标评价

（一）污染源名单

监测的污染源名单根据《国务院关于同意新增部分县（市、区、旗）纳入国家重点生态功能区的批复》（国函［2016］161 号）文件要求认定，并且 2017 年按照《关于加强“十三五”国家重点生态功能区县域生态环境质量监测评价与考核工作的通知》（环办监测函［2017］279 号）核实；同时结合环保部每年发布的国家重点监控企业名单综合确定。

（二）监测项目

对于废气污染源，如果执行行业或地方排放标准的，则按照行业或地方排放标准以及该企业环评报告书及批复的规定确定监测项目；如果执行《大气污染物综合排放标准》（GB 16297–1996）的，则按照《建设项目环境保护设施竣工验收监测技术要求》（环发

[2000] 38 号）附录二和该项目环评报告书确定监测对象。对二氧化硫、氮氧化物总量减排重点环保工程设施及纳入年度减排计划的重点项目，同时监测二氧化硫、氮氧化物的去除效率。废气监测项目均包括流量。

（三）监测频次

污染源每季度监测 1 次，全年监测 4 次。对于季节性生产企业，则在生产季节监测至少 4 次。

（四）评价方法

污染源采用单项污染物评价法，即在一次监测中，排污企业的任一排污口单项污染物浓度不达标，则该排污企业本次监测中该单项污染物为不达标；若任一排污口排放的任何一项污染物不达标，则该排污口本次监测为不达标；如果排污企业任一排污口不达标，则该排污企业本次监测为不达标。

评价所执行的标准：如果有地方或区域排放标准的，则优先采用地方或区域排放标准；如果有行业排放标准的，则采用行业排放标准；如果没有行业排放标准的，则采用综合排放标准。

第四章　土壤环境质量监测

土壤是指陆地地表具有肥力并能生长植物的疏松表层，介于大气圈、岩石圈、水圈和生物圈之间，厚度一般在 2 m 左右。土壤是人类环境的重要组成部分，其质量优劣直接影响人类的生产、生活和社会发展。因此，土壤环境质量的监测是非常有必要的。

第一节　土壤监测方案制订

一、土壤监测的目的

（一）土壤质量现状监测

监测土壤质量现状的目的是判断土壤是否被污染及污染状况，并预测其发展变化趋势。《土壤环境质量标准》中将土壤环境质量分为 3 类，分别规定了 10 种污染物和 pH 的最高允许浓度或范围。I 类土壤，指国家规定的自然保护区、集中式生活饮用水源地、茶园、牧场和其他保护地区的土壤，其质量基本上保持自然背景水平。Ⅱ类土壤，指一般农田、蔬菜地、茶园、果园、牧场等土壤，其质量基本上对植物和环境不造成危害和污染。Ⅲ类土壤，指林地土壤及污染物容量较大的高背景值土壤和矿产附近等地的农田土壤（蔬菜地除外），其质量基本上对植物和环境不造成危害和污染。I、Ⅱ、Ⅲ类土壤分别执行一、二、三级标准。

（二）土壤污染事故监测

由于废气、废水、废物、污泥对土壤造成了污染，或者使土壤结构与性质发生了明显的变化，或者对作物造成了伤害，需要调查分析主要污染物，确定污染的来源、范围和程度，为行政主管部门采取对策提供科学依据。

（三）污染物土地处理的动态监测

在进行废（污）水、污泥土地利用及固体废物土地处理的过程中，把许多无机和有机污染物质带入土壤，其中有的污染物质残留在土壤中，并不断积累，它们的含量是否达到了危害的临界值，需要进行定点长期动态监测，以做到既能充分利用土壤的净化能力，又能防止土壤污染，保护土壤生态环境。

（四）土壤背景值调查

通过分析测定土壤中某些元素的含量，确定这些元素的背景值水平和变化，了解元素的供应状况，为保护土壤生态环境、合理施用微量元素及地方病病因的探讨与防治提供依据。

二、土壤资料的收集

广泛地收集相关资料，包括自然环境和社会环境方面的资料，有利于优化采样点的布设和后续监测工作。

自然环境方面的资料包括：土壤类型、植被、区域土壤元素的背景值、土地利用情况、水土流失、自然灾害、水系、地下水、地质、地形地貌、气象等，以及相应的图件（如土壤类型图、地质图、植被图等）。

社会环境方面的资料包括：工农业生产布局、工业污染源种类及分布、污染物种类及排放途径和排放量、农药和化肥使用状况、废（污）水灌溉及污泥施用状况、人口分布、地方病等，以及相应的图件（如污染源分布图、行政区划图等）。

三、土壤监测项目

土壤监测项目应根据监测目的确定。背景值调查研究是为了了解土壤中各种元素的含量水平，要求测定的项目较多。污染事故监测仅测定可能造成土壤污染的项目。土壤质量监测测定那些影响自然生态和植物正常生长及危害人体健康的项目。

我国《土壤环境质量标准》规定监测重金属类、农药类及 pH 共 11 个项目。《农田土壤环境质量监测技术规范》将监测项目分为三类：规定必测项目、选择必测项目和选测项目。规定必测项目为《土壤环境质量标准》要求测定的 11 个项目。选择必测项目是根据监测地区环境污染状况，确认在土壤中积累较多，对农业危害较大，影响范围广、毒性较强的污染物，具体项目由各地自行确定。选择项目指新纳入的在土壤中积累较少的污染物，由于环境污染导致土壤性状发生改变的土壤性状指标和农业生态环境指标。选择必测项目和选测项目包括铁、锰、总钾、有机质、总氮、有效磷、总磷、水分、总硒、有效硼、总硼、总钼、氟化物、氯化物、矿物油、苯并芘、全盐量等。

四、土壤监测的方法

监测方法包括土壤样品的预处理和分析测定方法两部分。分析测定方法常用原子吸收光谱法、分光光度法、原子荧光光谱法、气相色谱法、电化学法及化学分析法等。电感耦合等离子体原子发射光谱（ICP-AES）法、X 射线荧光光谱法、中子活化法、液相色谱法及气相色谱—质谱（GC-MS）法等近代分析方法在土壤监测中也已应用。选择分析方法的原则也是遵循标准方法、权威部门规定或推荐的方法、自选等效方法的先后顺序。

五、采样点的布设

（一）布设遵循的原则

土壤环境是一个开放的缓冲动力学体系，与外环境之间不断地进行物质和能量交换，但又具有物质和能量相对稳定和分布均匀性差的特点。为使布设的采样点具有代表性和典型性，应遵循下列原则：

1. 合理地划分采样单元。在进行土壤监测时，往往监测面积较大，需要划分若干个采样单元，同时在不受污染源影响的地方选择对照采样单元。同一采样单元的差别应尽可能缩小。土壤质量监测或土壤污染监测，可按照土壤接纳污染物的途径（如大气污染、农灌污染、综合污染等），参考土壤类型、农作物种类、耕作制度等因素，划分采样单元。背景值调查一般按照土壤类型和成土母质划分采样单元，因为不同类型的土壤和成土母质的元素组成和含量相差较大。

2. 对于土壤污染监测，坚持"哪里有污染就在哪里布点"，并根据技术水平和财力条件，优先布设在那些污染严重、影响农业生产活动的地方。

3. 采样点不能设在田边、沟边、路边、堆肥周边及水土流失严重或表层土被破坏处。

（二）采样点的数量

土壤监测布设采样点的数量要根据监测目的、区域范围及其环境状况等因素确定。监测区域大、区域环境状况复杂，布设采样点数就要多；监测区域小，其环境状况差异小，布设采样点数就少。一般要求每个采样单元最少设 3 个采样点。

在"中国土壤环境背景值研究"工作中，采用统计学方法确定采样点数，即在选定的置信水平下，采样点数取决于所测项目的变异程度和要求达到的精度。

（三）采样点布设的方法

1. 对角线布点法

该方法适用于面积较小、地势平坦的废（污）水灌溉或污染河水灌溉的田块。由田块进水口引一对角线，在对角线上至少分 5 等份，以等分点为采样点。若土壤差异性大，可增加采样点。

2. 梅花形布点法

该方法适用于面积较小、地势平坦、土壤物质和污染程度较均匀的地块。中心分点设在地块两对角线交点处，一般设 5~10 个采样点。

3. 棋盘式布点法

这种布点方法适用于中等面积、地势平坦、地形完整开阔，但土壤较不均匀的地块，一般设 10 个或 10 个以上采样点。此法也适用于受固体废物污染的土壤，因为固体废物分布不均匀，此时应设 20 个以上采样点。

4. 蛇形布点法

这种布点方法适用于面积较大、地势不很平坦、土壤不够均匀的地块。布设采样点数目较多。

5. 放射状布点法

该方法适用于大气污染型土壤。以大气污染源为中心，向周围画射线，在射线上布设采样点。在主导风向的下风向适当增加采样点之间的距离和采样点数量。

6. 网格布点法

该方法适用于地形平缓的地块。将地块划分成若干均匀网状方格，采样点设在两条直线的交点处或方格的中心。农用化学物质污染型土壤、土壤背景值调查常用这种方法。

第二节　土壤样品的采集方法与保存

一、土壤样品的采集

采集土壤样品包括根据监测目的和监测项目确定样品类型，进行物质、技术和组织准备，现场踏勘及实施采样等工作。

（一）采样准备

1. 采样需要准备的资料

采样前应充分了解有关技术文件和监测规范，并收集与监测区域相关的资料，主要包括：

①监测区域的交通图、土壤图、地质图、大比例尺地形图等资料，用于制作采样工作图和标注采样点位。

②监测区域的土类、成土母质等土壤信息资料。

③工程建设或生产过程对土壤造成影响的环境研究资料。

④造成土壤污染事故的主要污染物的毒性、稳定性以及如何消除等资料。

⑤土壤历史资料和相应的法律（法规）。

⑥监测区域工农业生产及排污、污灌、化肥农药施用情况资料。

⑦监测区域气候资料（温度、降水量和蒸发量）、水文资料；监测区域遥感与土壤利用及其演变过程方面的资料等。

通过现场踏勘，将调查得到的信息进行验证、整理和利用，丰富采样工作图的内容。

2. 采样所需器具

采样器具一般包括以下几类：

①工具类：铁锹、铁铲、圆状取土钻、螺旋取土钻、竹片以及适合特殊采样要求的工具等。

②器材类：GPS、罗盘、照相机、胶卷、卷尺、铝盒、样品袋和样品箱等。

③文具类：样品标签、采样记录报表、铅笔、资料夹等。

④安全防护用品：工作服、工作鞋、安全帽、药品箱等。

⑤交通工具：采样专用车辆。

（二）样品的布点与样品数

合理划分采样单元是采样点布设的前期工作。监测单元是按地形—成土母质—土壤类型—环境影响划分的监测区域范围。土壤采样点是在监测单元内实施监测采样的地点。

为了使采集的监测样品具有较好的代表性，必须避免一切主观因素，遵循“随机”和“等量”的原则。一方面，组成样品的个体应当是随机地取自总体；另一方面，一组需要相互之间进行比较的样品应当由等量的个体组成。“随机”和“等量”是决定样品具有同等代表性的重要条件。

1. 样点布设的原则

为使布设的采样点具有代表性和典型性，应遵循下列原则：

（1）合理地划分采样单元。在进行土壤监测时，往往涉及范围较广、面积较大，需要划分成若干个采样单元，同时在不受污染源影响的地方选择对照采样单元。因为不同类型的土壤和成土母质的元素组成、含量相差较大，土壤质量监测或土壤污染监测可按照土壤接纳污染物的途径（如大气污染、农灌污染、综合污染等），参考土壤类型、农作物种类、耕作制度等因素，划分采样单元。背景值调查一般按照土壤类型和成土母质划分采样单元。同一单元的差别应尽可能缩小。

（2）坚持哪里有污染就在哪里布点，并根据技术力量和财力条件，优先布设在那些污染严重、影响农业生产活动的地方。

（3）采样点不能设在田边、沟边、路边、肥堆边及水土流失严重或表层土被破坏处。

2. 布点的方法

布点的方法一般有 3 种，即简单随机布点、分块随机布点和系统随机布点。

（1）简单随机布点

简单随机布点是一种完全不带主观限制条件的布点方法。通常将监测单元分成网格，每个网格编上号码，决定采样点样品数后，随机抽取规定的样品数的样品，其样本号码对应的网格号即为采样点。随机数的获得可以利用掷骰子、抽签、查随机数表的方法。

（2）分块随机布点

分块随机布点是根据收集的资料，如果监测区域内的土壤有明显的几种类型，即可将区域分成几块，每块内污染物较均匀，块间的差异较明显，将每块作为一个监测单元，在每个监测单元内再随机布点。在合理分块的前提下，分块随机布点的代表性比简单随机布点好，如果分块不正确，分块随机布点的效果可能会适得其反。

（3）系统随机布点

系统随机布点是将监测区域划分成面积相等的多个部分（网格划分），每网格内布设一采样点。如果区域内土壤污染物含量变化较大，系统随机布点比简单随机布点所采样品的代表性更好。

3. 布点的数量

土壤监测的布点数量要满足样本容量的基本要求，即上述基础样品数量的下限数值，实际工作中土壤布点数量还要根据调查目的、调查精度和调查区域环境状况等因素确定。一般要求每个监测单元最少布设 3 个点。区域土壤环境调查按照调查的精度不同可从 2.5 km、5 km、10 km、20 km、40 km 中选择网距网格布点，区域内的网格节点数即为土壤采样点数量。

（1）区域环境背景土壤环境调查布点

采样单元的划分，全国土壤环境背景值监测一般以土壤类型为主，省、自治区、直辖市级的以土壤类型和成土母质母岩类型为主，省级以下或条件许可或特别工作需要的可划分到亚类或土属。

根据实际情况可适当减小网格间距，适当调整网格的起始经纬度，避开过多网格落在道路或河流上，使样品更具代表性。

对于野外选点的要求，采样点的自然景观应符合土壤环境背景值研究的要求。采样点选在被采土壤类型特征明显，地形相对平坦、稳定、植被良好的地点；坡脚、洼地等具有从属景观特征的地点不设采样点；城镇、住宅、道路、沟渠、粪坑、坟墓附近等处人为干扰大，失去土壤的代表性，不宜设采样点，采样点离铁路、公路至少 300m 以上；采样点以剖面发育完整、层次较清楚、无侵入体为准，不在水土流失严重或表土被破坏处设采样点；选择不施或少施化肥、农药的地块作为采样点，以使采样点尽可能少受人为活动的影响；不在多种土类、多种母质母岩交错分布、面积较小的边缘地区布设采样点。

（2）农田土壤采样布点

农田土壤监测单元按土壤主要接纳污染物的途径可分为大气污

染型、灌溉水污染型、固体废物堆污染型、农用固体废物污染型、农用化学物质污染型和综合污染型（污染物主要来自上述两种以上途径）6类。监测单元划分要参考土壤类型、农作物种类、耕作制度、商品生产基地、保护区类型、行政区划等要素的差异，同一单元的差别应尽可能地缩小。每个土壤单元设3~7个采样区，单个采样区可以是自然分割的一块田地，也可由多个田块构成，其范围以200 m × 200 m左右为宜。

根据调查目的、调查精度和调查区域环境状况等因素确定监测单元，部门专项农业产品生产土壤环境监测布点按其专项监测要求进行。

大气污染型和固体废物堆污染型土壤监测单元以污染源为中心放射状布点，在主导风向和地表水的径流方向适当增加采样点（离污染源的距离远于其他点）；灌溉水污染型、农用固体废物污染型和农用化学物质污染型监测单元采用均匀布点；灌溉水污染型监测单元采用按水流方向带状布点，采样点自纳污口起由密渐疏；综合污染型监测单元布点采用综合放射状、均匀、带状布点法。

（3）建设项目土壤环境评价监测采样布点

采样点按每100公顷占地不少于5个且总数不少于5个布设，其中小型建设项目设1个柱状样采样点，大中型建设项目不少于3个柱状样采样点，特大型建设项目或对土壤环境影响敏感的建设项目不少于5个柱状样采样点。

生产或者将要生产造成的污染物，以工艺烟雾（尘）、污水、固体废物等形式污染周围土壤环境，采样点以污染源为中心放射状布设为主，在主导风向和地表水的径流方向适当增加采样点（离污染源的距离远于其他点）；以水污染型为主的土壤按水流方向带状布点，采样点自纳污口起由密渐疏；综合污染型监测单元布点采用综合放射状、均匀、带状布点法。

（4）城市土壤采样布点

城市土壤是城市生态的重要组成部分，虽然城市土壤不用于农业生产，但其环境质量对城市生态系统影响极大。城区大部分土壤被道路和建筑物覆盖，只有小部分土壤栽植草木，这里的城市土壤主要是指后者。城市土壤监测点以网距 2 000 m 的网格布设为主。功能区布点为辅，每个网格设一个采样点。对于专项研究和调查的采样点可适当加密。

（5）污染事故监测土壤采样布点

污染事故不可预料，接到举报后应立即组织采样。现场调查和观察，取证土壤被污染时间，根据污染物及其对土壤的影响确定监测项目，尤其是污染事故的特征污染物是监测的重点。根据污染物的颜色、印渍和气味并考虑地势、风向等因素初步界定污染事故对土壤的污染范围。

对于固体污染物抛洒污染型，等打扫好后布设采样点不少于 3 个；对于液体倾翻污染型，污染物向低洼处流动的同时向深度方向渗透并向两侧横向扩散，事故发生点样品点较密，事故发生点较远处样品点较疏，采样点不少于 5 个；对于爆炸污染型，以放射性同心圆方式布点，采样点不少于 5 个；事故土壤监测还要设定 2~3 个背景对照点。

（三）样品的类型、采样深度和采样量

1. 混合样品

如果只是一般了解土壤污染状况，对种植一般农作物的耕地，只需采集 0~20 cm 耕作层土壤；对于种植果林类农作物的耕地，采集 0~60 cm 耕作层土壤。将在一个采样单元内各采样分点采集的土样混合均匀制成混合样，组成混合样的分点数通常为 5~20 个。混合样量往往较大，需要用四分法弃取，最后留下 1~2 kg，装入样品袋。

2. 剖面样品

如果要了解土壤污染深度，则应按土壤剖面层次分层采样。土壤剖面指地面向下的垂直于土体的切面。在垂直切面上可观察到与地面大致平行的若干层具有不同颜色、性状的土层。典型的自然土壤剖面分为 A 层（表层、腐殖质淋溶层）、B 层（亚层、淀积层）、C 层（风化母岩层、母质层）和底岩层。

采集土壤剖面样品时，需在特定采样地点挖掘一个 1 m × 1.5 m 左右的长方形土坑，深度约在 2 m 以内，一般要求达到母质或潜水层即可。盐碱地地下水位较高，应取样至地下水位层；山地土层薄，可取样至母岩风化层。根据土壤剖面颜色、结构、质地、松紧度、温度、植物根系分布等划分土层，并进行仔细观察，将剖面形态、特征自上而下逐一记录。随后在各层最典型的中部自下而上逐层用小土铲切取一片片土壤样，每个采样点的取样深度和取样量应一致。将同层次土壤混合均匀，各取 1 kg 土样，分别装入样品袋。土壤背景值调查也需要挖掘剖面，在剖面各层次典型中心部位自下而上采样，但切忌混淆层次、混合采样。

（四）采样时间和频率

为了解土壤污染状况，可随时采集样品进行测定。如需同时掌握在土壤上生长的作物受污染的状况，可在季节变化或作物收获期采集。《农田土壤环境监测技术规范》规定，一般土壤在农作物收获期采样测定，必测项目一年测定一次，其他项目 3~5 年测定一次。

（五）采样注意事项

1. 采样同时，填写土壤样品标签、采样记录、样品登记表。土壤标签一式两份，一份放入样品袋内，一份扎在袋口，并于采样结束时在现场逐项逐个检查。

2. 测定重金属的样品，尽量用竹铲、竹片直接采集样品，或用铁铲、土钻挖掘后，用竹片刮去与金属采样器接触的部分，再用竹铲或竹片采集土样。

二、土壤样品的保存

现场采集样品后，必须逐件与样品登记表、样品标签和采样记录进行核对，核对无误后分类装箱，运往实验室加工处理。运输过程中严防样品的损失、混淆和沾污。对光敏感的样品应有避光外包装。含易分解有机物的样品，采集后置于低温（冰箱）中，直至运送分析室。

制样工作室应分设风干室和磨样室。风干室朝南（严防阳光直射土样），通风良好，整洁无尘，无易挥发性化学物质。在风干室将土样放置于风干盘（白色搪瓷盘及木盘）中，摊成 2~3 cm 的薄层，适时地压碎、翻动，拣出碎石、砂砾、植物残体。

在磨样室将风干的样品倒在有机玻璃板上，用木锤敲打，用木滚、木棒、有机玻璃棒再次压碎，拣出杂质，混匀，并用四分法取压碎样，过孔径 0.25 mm （20 目）尼龙筛。过筛后的样品全部置于无色聚乙烯薄膜上并充分搅拌混匀，再采用四分法取其两份，一份交样品库存放，另一份作为样品的细磨用。粗磨样可直接用于土壤 pH 值、阳离子交换量、元素有效态含量等项目的分析。

用于细磨的样品再用四分法分成两份。一份研磨到全部过孔径 0.25 mm（60 目）筛，用于农药或土壤有机质、土壤全氮量等项目分析；另一份研磨到全部过孔径 0.15 mm（100 目）筛，用于土壤元素全量分析。

研磨混匀后的样品分别装于样品袋或样品瓶，填写土壤标签一式两份，瓶内或袋内装一份，瓶外或袋外贴一份。

制样过程中采样时的土壤标签与土壤始终放在一起，严禁混错，样品名称和编码始终不变；制样工具每处理一份样后擦抹（洗）干净，严防交叉污染；分析挥发性、半挥发性有机物或可萃取有机物不需要上述制样，用新鲜样按特定的方法进行样品前处理。

样品应按样品名称、编号和粒径分类保存。对于易分解或易挥发等不稳定组分的样品要采取低温保存的运输方法，并尽快送到实验室分析测试。测试项目需要新鲜样品的土样，采集后用可密封的聚乙烯或玻璃容器在 4 ℃以下避光保存，样品要充满容器。避免用含有待测组分或对测试有干扰的材料制成的容器盛装保存样品，测定有机污染物用的土壤样品要选用玻璃容器保存。

第三节　土壤污染物监测

土壤污染物的种类复杂多样，因此对于土壤污染物的监测主要介绍以下几个方面：

一、土壤水分

土壤水分是土壤生物生长必需的物质，不是污染组分。但无论是用新鲜土样还是风干土样测定污染组分时，都需要测定土壤含水量，以便计算按烘干土样为基准的测定结果。

土壤含水量的测定要点是：对于风干土样，用分度为 0.001 g 的天平称取适量通过 1 mm 孔径筛的土样，置于已恒重的铝盒中；对于新鲜土样，用分度为 0.01 g 的天平称取适量土样，放于已恒重的铝盒中；将称量好的风干土样和新鲜土样放入烘箱内，于（105 ± 2）℃烘至恒重，按以下两式计算含水量：

$$含水量（湿基,\%）= \frac{m_1 - m_2}{m_1 - m_0} \times 100$$

$$含水量（干基,\%）= \frac{m_1 - m_2}{m_2 - m_0} \times 100$$

式中：m_0——烘至恒重的空铝盒质量，g；

m_1——铝盒及土样烘干前的质量，g；

m_2——铝盒及土样烘至恒重时的质量，g。

二、pH

土壤 pH 是土壤重要的理化参数，对土壤微量元素的有效性和肥力有重要影响。pH 为 6.5~7.5 的土壤，磷酸盐的有效性最大。土壤酸性增强，使所含许多金属化合物溶解度增大，其有效性和毒性也增大。土壤 pH 过高（碱性土）或过低（酸性土），均影响植物的生长。

测定土壤 pH 使用玻璃电极法，其测定要点是：称取通过 1 mm 孔径筛的土样 10 g 于烧杯中，加无二氧化碳蒸馏水 25 mL，轻轻摇动后用电磁搅拌器搅拌 1 min，使水和土样混合均匀，放置 30 min，用 pH 计测定上部浑浊液的 pH。测定方法同水的 pH 测定方法。

测定 pH 的土样应存放在密闭玻璃瓶中，防止空气中的氨、二氧化碳及酸、碱性气体的影响。土壤的粒径及水土比均对 pH 有影响。一般酸性土壤的水土比（质量比）保持（1 ∶ 1）~（5 ∶ 1），对测定结果影响不大；碱性土壤水土比以 1 ∶ 1 或 2.5 ∶ 1 为宜，水土比增加，测得的 pH 偏高。另外，风干土壤和潮湿土壤测得的 pH 有差异，尤其是石灰性土壤，由于风干作用，使土壤中大量二氧化碳损失，导致 pH 偏高，因此风干土壤的 pH 为相对值。

三、可溶性盐分

土壤中可溶性盐分是用一定量的水从一定量土壤中经一定时间提取出来的水溶性盐分。当土壤所含的可溶性盐分达到一定数量后，会直接影响作物的萌发和生长，其影响程度主要取决于可溶性盐分的含量、组成及作物的耐盐度。就盐分的组成而言，碳酸钠、碳酸氢钠对作物的危害最大，其次是氯化钠，而硫酸钠危害相对较轻。因此，定期测定土壤中可溶性盐分总量及盐分的组成，可以了解土壤盐渍程度和季节性盐分动态，为制订改良和利用盐碱土壤的措施提供依据。

测定土壤中可溶性盐分的方法有重量法、比重计法、电导法、阴阳离子总和计算法等，下面简要介绍应用广泛的重量法。

重量法的原理：称取通过 1 mm 孔径筛的风干土壤样品 1 000 g，放入 1 000 mL 大口塑料瓶中，加入 500 mL 无二氧化碳蒸馏水，在振荡器上振荡提取后，立即抽滤，滤液供分析测定。吸取 50~100 mL 滤液于已恒重的蒸发皿中，置于水浴上蒸干，再在 100~105 ℃烘箱中烘至恒重，将所得烘干残渣用质量分数为 15%的过氧化氢溶液在水浴上继续加热去除有机质，再蒸干至恒重，剩余残渣量即为可溶性盐分总量。

水土比和振荡提取时间影响土壤可溶性盐分的提取，故不能随意更改，以使测定结果具有可比性。此外，抽滤时尽可能快速，以减少空气中二氧化碳的影响。

四、金属化合物

土壤中金属化合物的测定方法与第二章中金属化合物的测定方

法基本相同，仅在预处理方法和测定条件方面有差异，故在此做简要介绍。

（一）铅、镉

铅和镉都是动、植物非必需的有毒有害元素，可在土壤中积累，并通过食物链进入人体。测定它们的方法多用原子吸收光谱法和原子荧光光谱法。

1. 石墨炉原子吸收光谱法

该方法的测定要点是：采用盐酸—硝酸—氢氟酸—高氯酸分解法，在聚四氟乙烯坩埚中消解 0.1~0.3 g 通过 0.149 mm（100 目）孔径筛的风干土样，使土样中的欲测元素全部进入溶液，加入基体改进剂后定容。取适量溶液注入原子吸收分光光度计的石墨炉内，按照预先设定的干燥、灰化、原子化等升温程序，使铅、镉化合物解离为基态原子蒸气，对空心阴极灯发射的特征光进行选择性吸收，根据铅、镉对各自特征光的吸光度，用标准曲线法定量。土壤中铅、镉含量的计算式见铜、锌的测定。在加热过程中，为防止石墨管氧化，需要不断通入载气（氩气）。

2. 氢化物发生——原子荧光光谱法

该方法测定原理的依据：将土样用盐酸—硝酸—氢氟酸—高氯酸体系消解，彻底破坏矿物质晶格和有机质，使土样中的欲测元素全部进入溶液。消解后的样品溶液经转移稀释后，在酸性介质中及有氧化剂或催化剂存在的条件下，样品中的铅或镉与硼氢化钾反应，生成挥发性铅的氢化物或镉的氢化物。以氩气为载气，将产生的氢化物导入原子荧光分光光度计的石英原子化器，在室温（铅）或低温（镉）下进行原子化，产生的基态铅原子或基态镉原子在特制铅空心阴极灯或镉空心阴极灯发射特征光的照射下，被激发至激发态，由于激发态的原子不稳定，瞬间返回基态，发射出特征波长的荧光，其荧光强度与铅或镉的含量成正比，通过将测得的样品溶液荧光强度与系列标准溶液荧光强度比较进行定量。

铅和镉测定中所用催化剂和消除干扰组分的试剂不同，需要分别取土样消解后的溶液测定，它们的检出限可达到：铅 1.8×10^{-9}/mL，镉 8.0×10^{-12} g/mL。

（二）铜、锌

铜和锌是植物、动物和人体必需的微量元素，可在土壤中积累，当其含量超过最高允许浓度时，将会危害作物。测定土壤中的铜、锌，广泛采用火焰原子吸收光谱法。

火焰原子吸收光谱法测定原理的依据：用盐酸—硝酸—氢氟酸—高氯酸消解通过 0.149 mm 孔径筛的土样，使欲测元素全部进入溶液，加入硝酸镧溶液（消除共存组分干扰），定容。将制备好的溶液吸入原子吸收分光光度计的原子化器，在空气一乙炔（氧化型）火焰中原子化，产生的铜、锌基态原子蒸气分别选择性地吸收由铜空心阴极灯、锌空心阴极灯发射的特征光，根据其吸光度用标准曲线法定量。

（三）镍

土壤中含少量镍对植物生长有益，镍也是人体必需的微量元素之一，但当其在土壤中积累超过允许量后，会使植物中毒；某些镍的化合物，如羟基镍毒性很大，是一种强致癌物质。

土壤中镍的测定方法有火焰原子吸收光谱法、分光光度法、等离子体发射光谱法等，目前以火焰原子吸收光谱法应用最为普遍。

火焰原子吸收光谱法的测定原理是：称取一定量土壤样品，用盐酸—硝酸—氢氟酸体系消解，消解产物经硝酸溶解并定容后，喷入空气—乙炔火焰，将含镍化合物解离为基态原子蒸气，测其对镍空心阴极灯发射的特征光的吸光度，用标准曲线法确定土壤中镍的含量。

测定时，使用原子吸收分光光度计的背景校正装置，以克服在紫外光区由于盐类颗粒物、分子化合物产生的光散射和分子吸收对测定的干扰。

（四）总汞

天然土壤中汞的含量很低，一般为 0.1~1.5 mg/kg，其存在形态有单质汞、无机化合态汞和有机化合态汞。其中，挥发性强、溶解度大的汞化合物易被植物吸收，如氯化甲基汞、氯化汞等。汞及其化合物一旦进入土壤，绝大部分被耕层土壤吸附固定。当积累量超过《土壤环境质量标准》最高允许浓度时，生长在这种土壤上的农作物果实中汞的残留量就可能超过食用标准。

测定土壤中的汞广泛采用冷原子吸收光谱法和冷原子荧光光谱法。

冷原子吸收光谱法的测定要点是：称取适量通过 0.149 mm 孔径筛的土样，用硫酸—硝酸—高锰酸钾或硝酸—硫酸—五氧化二钒消解体系消解，使土样中各种形态的汞转化为高价态。将消解产物全部转入冷原子吸收测汞仪的还原瓶中，加入氯化亚锡溶液，把汞离子还原成易挥发的汞原子，用净化空气载带入测汞仪吸收池，选择性地吸收低压汞灯辐射出的 253.7 nm 紫外线，测量其吸光度，与汞标准溶液的吸光度比较定量。方法的检出限为 0.005 mg/kg。

冷原子荧光光谱法是将土样经混合酸体系消解后，加入氯化亚锡溶液将离子态汞还原为原子态汞，用载气带入冷原子荧光测汞仪的吸收池，吸收 253.7 nm 波长紫外线后，被激发而发射共振荧光，测量其荧光强度，与标准溶液在相同条件下测得的荧光强度比较定量。方法的检出限为 0.05 μg/kg。

第四节 土壤环境质量评价

土壤环境质量评价涉及评价因子、评价标准和评价模式。评价因子数量及内容与评价目的和现实的经济技术条件密切相关。评价标准依据国家土壤环境质量标准、区域土壤背景值或相关行业（专业）土壤质量标准。环境保护部颁布的《全国土壤污染状况评价技术规定》规定了土壤污染状况调查中土壤环境质量状况评价、土壤背景点环境评价和重点区域土壤污染评价的标准值和方法。评价模式常用污染指数法或者与其相关的评价方法。

一、污染指数、超标率（倍数）评价

土壤环境质量评价一般以单项污染指数为主，指数小污染轻，指数大污染重。当区域内土壤环境质量作为一个整体与外区域进行比较或与历史资料进行比较时，除用单项污染指数外，还常用综合污染指数。土壤由于地区背景差异较大，用土壤污染累计指数更能反映土壤的人为污染程度。土壤污染物分担率可评价确定土壤的主要污染项目，按污染物分担率由大到小排序，污染物主次也同此序。除此之外，土壤污染超标倍数、样本超标率等统计量也能反映土壤的环境状况。污染指数和超标率的计算如下：

土壤单项污染指数 = 土壤污染物实测值 / 土壤污染物质量标准

土壤污染累计指数 = 土壤污染物实测值 / 污染物背景值

土壤污染物分担率（%）=（土壤某项污染指数 / 各项污染指数之和）×100%

土壤污染超标倍数 =（土壤某污染物实测值—某污染物质量标准）/ 某污染物质量标准

土壤污染样本超标率（%）=（土壤样本超标总数 / 监测样本总数）×100%

二、内梅罗污染指数评价

内梅罗污染指数（PN）的计算公式为：

$$PN=\sqrt{\frac{PI^2_{均}+PI^2_{最大}}{2}}$$

式中，$PI_{均}$和$PI_{最大}$分别是平均单项污染指数和最大单项污染指数。

内梅罗指数反映了各污染物对土壤的作用，同时突出了高浓度污染物对土壤环境质量的影响，可按内梅罗污染指数划定污染等级。

三、背景值及标准偏差评价

用区域土壤环境背景值（x）95% 置信度的范围（$x±2s$）来评价土壤环境质量，即若土壤某元素监测值 $x_1 < x-2s$，则该元素缺乏或属于低背景土壤；若土壤某元素监测值在 $x±2s$ 范围内，则该元素含量正常；若土壤某元素监测值 $x_1 > x+2s$，则土壤已受该元素污染，或属于高背景土壤。

第五章　噪声环境监测

在很长一段时间内，噪声污染高居我国环保投诉的榜首，因为声环境是人们日常生活中最直接地感受到的环境要素，也是人们最直观地就能判断是否受到污染的环境要素，因此声环境影响评价也就成为环境影响报告书中十分重要的专题。本章分别对噪声环境质量监测、噪声污染监测和噪声环境质量评价进行具体的分析与讨论。

第一节　噪声环境质量监测

一、噪声的概述

（一）噪声的定义

从声理学上讲，凡是使人烦恼、讨厌、刺激的声音，即人们不需要的声音就称其为噪声。从物理学上看，无规律、不协调的声音，即频率和声强都不相同的声波无规律的杂乱组合就称其为噪声。按照这一定义，噪声的范围更为广泛，除机器和街道上的吵闹声属于当然的噪声外，凡是我们所不想听的声音或对我们的生活和工作有干扰的声音，不论是语言声，还是音乐声都称为噪声。噪声不单纯根据声音的客观物理性质来定义，还应根据人们的主观感觉、当时的心理状态和生活环境等因素来决定。例如，音乐之声对正在欣赏音乐的人来说，是一种美的享受，是需要的声音，而对正在思考或睡眠的人来说，则是不需要的声音，即噪声。

（二）噪声的来源

噪声的种类很多，因其产生的条件不同而异。地球上的噪声主要来源于自然界的噪声和人为活动产生的噪声。自然界的噪声是由于火山爆发、地震、潮汐、下雨和刮风等自然现象所产生的空气声、雷声、地声、水声和风声等。自然界形成的这些噪声是不以人们的意志为转移DE，因此，人们是无法克服的。我们所研究的噪声主要是指人为活动所产生的噪声，它的来源分为以下几种情况：

1. 交通噪声

包括汽车、火车、飞机和轮船等产生的噪声。其中道路交通噪声的影响范围最大，在我国，道路交通噪声在城市中占的比重通常为40%以上，有的甚至在75%以上，随着城市车辆的拥有量不断增加，道路交通噪声的危害也将不断加剧。

2. 厂矿噪声

厂矿噪声也叫工业噪声，包括鼓风机、汽轮机、织布机、冲床和锻锤等机器设备产生的噪声。厂矿噪声在我国城市环境噪声中所占的比重约为20%左右，影响范围远不如交通噪声，但在我国的城市中，居民与厂矿的混杂情况甚多，厂矿噪声的强度大，作用时间长（许多是24 h连续作用），使得居民对厂矿噪声的反应特别强烈。我国城市居民关于噪声的主诉中，大部分是针对厂矿噪声的。

3. 建筑施工噪声

如打桩机、混凝土搅拌机、电锯和挖土机等建筑机械运转时产生的噪声。这种噪声虽然具有暂时性，但许多施工是昼夜不停地进行，噪声强度也比较大。有监测结果表明，建筑工地打桩声能传到数公里以外，且工期大都在一年以上，因而对周围居民的干扰是很大的。

4. 社会生活噪声

如高音喇叭、电视机和收录机等发出的声音，小贩的叫卖声及小孩的玩耍声，等。随着人们生活水平的不断提高，家用电器拥有量的增加，以及人们社会活动的增加，生活噪声将逐渐成为我们环境中不容忽视的主要噪声之一。在我国的一些城市，生活噪声已上升为城市环境噪声中占主导地位的噪声。

（三）噪声的特征

噪声污染和空气污染、水污染、固体废物污染一样是当代主要的环境污染之一。但噪声与后者不同，它是物理污染（或称能量污染），具有以下几个特征。

1. 可感受性

就公害的性质而言，噪声是一种感受公害，许多公害是无感觉公害，如放射污染和某些有毒化学品的污染，人们在不知不觉中受污染及危害，而噪声则是通过感觉对人产生危害的。一般的公害可以根据污染物排放量来评价，而噪声公害则取决于受污染者心理和生理因素。一般来说，不同的人对相同的噪声可能有不同的反映，老人与青年人，脑力劳动者与体力劳动者，健康人与病人对噪声的反映是不一致的。因而在评价噪声时，应考虑不同人群的影响。

2. 即时性

与大气、水质和固体废物等其他物质污染不一样，噪声污染是一种能量污染，仅仅是由于空气中的物理变化而产生的。许多公害是以物质的形势对环境污染，这些污染即使在污染源停止排放后，由于过去长期排放在环境中的残存物质还将继续对环境造成污染，有些有毒污染物能够在污染排放停止后数十年内仍起作用。噪声作为能量污染，其能量是由声源提供的，一旦声源停止辐射能量，噪声污染将立即消失，不存在任何残存物质，无论多么强的噪声，还是持续了多么久的噪声，只要噪声源停止辐射，污染现象将立即消失，这就是噪声污染的即时性。

3. 局部性

与其他公害相比，噪声污染是局部和多发性的。除飞机噪声这样的特殊情况外，一般情况下噪声源离受害者的距离很近，噪声源辐射出来的噪声随着传播距离的增加，或受到障碍物的吸收，噪声能量被很快地减弱掉，因而噪声污染主要局限在声源附近不大的区域内。例如，工厂的噪声主要危害了厂界周围的工厂邻居，交通噪声的受害者也一般限于临街而住的居民，不像大气污染会涉及到一个地区或一个城市，也不像水质污染那样会涉及一段河道或整个水系。此外，噪声污染又是多发的，城市中噪声源分布既多又散，使得噪声的测量和治理工作很困难。

二、噪声的测量

（一）噪声的测量仪器

1. 测量仪器的概述

噪声测量是噪声评价、噪声控制、声学研究及进行机器性能评价的前提基础。根据不同的测量目的和要求，可选择不同的测量仪器和不同的测量方法。

噪声的测量仪器有声级计、磁带记录仪、自动记录仪、频谱分析仪、噪声自动监测系统等。声级计又称噪声计，是最常用的也是最基本的噪声测量仪器。它在把声信号转换成电信号时，可模拟人耳对声波反应速度的时间特性和对高低频有不同灵敏度的频率特性，以及不同响度时改变频率特性的强度特性。它所反映的量是通过时间计权和频率计权处理后的量，其大小反映人耳对声音的主观感受。它具有体积小、质量轻、操作简单、便于携带等特点，适用于室内噪声、环境噪声、建筑噪声等各种噪声的测量。磁带记录仪的主要作用是将被测试的现场信号带回实验室进行特种分析，此仪器对噪声现场记录是很实用的。自动记录仪可实时记录声级随时间的变化情况，另外与频谱分析仪连用时，能将噪声频谱图记录在坐标纸上。频谱分析仪是进行频谱分析的重要仪器，进行倍频程频谱分析需在分析仪中装设 1 倍频程滤波器，进行 1/3 倍频程频谱分析需在分析仪中装设 1/3 倍频程滤波器。噪声自动监测系统主要用于城市环境噪声自动监测、交通噪声自动监测、机场噪声监测、噪声事件监测和报告及噪声数据自动采集、储存、传输，也适用于噪声污染源（如施工场地、厂界、道路车辆等）在线监测。它具有全天候监测、无需人值守、系统自动校准等特点，可以是固定或可移动的。噪声自动监测系统包括数据自动采集、储存、传输、数据分析处理、打印等功能模块。

2. 声级计

（1）声级计的分类

为了使世界各国生产的声级计的测量结果可以互相比较，国际电工委员会（IEC）制定了声级计的有关标准，并推荐各国采用。2002 年国际电工委员会发布了 IEC 61672–2002《声级计》新的国际标准。该标准代替原 IEC 651–1979《声级计》和 IEC 804–1983《积分平均声级计》。我国根据该标准制定了 JJG 188–2002《声级计》检定规程。根据新的标准将声级计按用途可分为通用声级计、积分声级计、频谱声级计、统计声级计等；按体积可分为台式、便携式和袖珍式声级计；按指示方式可分为模拟指示和数字指示声级计；按精度可分为 1 级（容许误差 0.7 dB）和 2 级（容许误差 1.0 dB），两种级别的声级计的各种性能指标具有同样的中心值，仅仅是容许误差不同，而且随着级别数字的增大，容许误差放宽。

（2）声级计的工作原理

声级计主要由传声器、放大器、衰减器、计权网络、电表电路及电源等部分组成。

声级计的工作原理是：声压大小经传声器后转换成电压信号，此信号经前置放大器放大后，最后从显示仪表上指示出声压级的分贝数值。

①传声器，也称话筒或麦克风，它是将声能转换成电能的元件。声压由传声器膜片接受后，将声压信号转换成电信号。传声器的质量是影响声级计性能和测量准确度的关键部位。优质的传声器应满足以下要求：灵敏度高、工作稳定；频率范围宽、频率响应特性平直、失真小；受外界环境（如温度、湿度、振动、电磁波等）影响小；动态范围大。

在噪声测量中，根据换能原理和结构的不同，常用的传声器分为晶体传声器、电动式传声器、电容传声器和驻极体传声器。晶体和电动式传声器一般是用于普通声级计；电容和驻极体传声器多用于精密声级计。

电容传声器灵敏度高，一般为 10~50 mV/Pa；在很宽的频率范围内（10~20 000 Hz）频率响应平直；稳定性良好，可在 50~150 ℃、相对湿度为 0~100%的范围内使用。因此电容传声器是目前较理想的传声器。

由于传声器对整个声级计的稳定性和灵敏度影响很大，所以使用声级计要合理选择传声器。

②放大器和衰减器是声级计和频谱分析仪内部放大和衰减电信号的电子线路。因为传声器把声音信号变成电信号，此电信号一般很微弱，既达不到计权网络分离信号所需的能量，也不能在电表上

直接显示，所以需要将信号加以放大，这个工作有前置放大器来完成；当输入信号较强时，为避免表头过载，需对信号加以衰减，这就需要用输入衰减器进行衰减。经过前边处理后的信号必须再由输入放大器进行定量的放大才能进入计权网络。用于声级测量的放大器和衰减器应满足下面几个条件：要有足够大的增益而且稳定；频率响应特性要平直；在声频范围（20~20 000 Hz）内要有足够的动态范围；放大器和衰减器的固有噪声要低；耗电量小。

③计权网络有电阻和电容组成的、具有特定频率响应的滤波器。它能使欲测定的频带顺利地通过，而把其他频率的波尽可能地除去。为了使声级计测出的声压级的大小接近人耳对声音的响应，用于声级计的计权网络是根据等响曲线设计的，即 A、B、C 三种计权网络。

④电表、电路和电源。经过计权网络后的信号由输出衰减器衰减到额定值，随即送到输出放大器放大，使信号达到响应的功率输出，输出的信号被送到电表电路进行有效值检波（RMS 检波），送出有效电压，推动电表，显示所测得声压级分贝值。声级计上有阻尼开关能反映人耳听觉动态特性，“F”表示表头为“快”的阻尼状态，它表示信号输入 0.2 s 后，表头上就迅速达到其最大读数，一般用于测量起伏不大的稳定噪声。如果噪声起伏变化超过 4 dB，应使用慢档“S”，它表示信号输入 0.5 s 后，表头指针就达到它的最大读数。

为了适用野外测量，声级计电源一般要求电池供电。为了保证测量精度，仪器应进行校准。声级计类型不同，其性能也不一样，普通声级计的测量误差约为 ±3 dB，精密声级计的误差约为 ±1 dB。

（3）PSJ–2 型声级计使用方法

①按下电源按键（0N），接通电源，预热半分钟，使整机进入稳定的工作状态。

②电池校准：分贝拨盘可在任意位置，按下电池（BAT）按键，当表针指示超过表面所标的“BAT”刻度时，表示机内电池电能充足，整机可正常工作，否则需要更换电池。

③整机灵敏度校准：先将分贝拨盘于 90 dB 位置，然后按下校准“CAL”和“A”（或“C”按键），这时指针应有指示。用螺丝刀放入灵敏度校准孔进行调节，使表针指在“CAL”刻度上，此时整机灵敏度正常，可进行测量使用。

④分贝（dB）拨盘的使用与读数法：转动分贝拨盘选择测量量程，读数时应将量程数加上表针指示数。如当分贝拨盘选择在 90 档，而表针指示为 4 dB 时，则实际读数为 90+4=94（dB）；若指针指示为 - 5dB 时，则读数应为 90−5=85（dB）。

⑤ +10 dB 按钮的使用：在测试中当有瞬时大信号出现时，为了能快速正确地进行读数，可按下 +10 dB 按钮，此时应按分贝拨盘和表针指示的读数再加上 10 dB 作为读数。如再按下 +10 dB 按钮后，表针指示仍超过满刻度，则应将分贝拨盘转动至更高一档再进行读数。

⑥表面刻度：有 0.5 dB 与 1 dB 两种分度刻度。0 刻度以上指示值为正值，长刻度为 l dB 的分度，短刻度为 0.5 dB 的分度；0 刻度以下为负值，长刻度为 5 dB 的分度，短刻度为 l dB 的分度。

⑦计权网络：本机的计权网络有 A 和 C 两档，当按下 A 或 C 时，则表示测量的计权网络为 A 或 C。当不按按键时，整机不反应测试结果。

⑧表头阻尼开关：当开关处于“F”位置时，表示表头为“快”的阻尼状态；当开关在“S”位置时，表示表头为“慢”的阻尼状态。

⑨输出插口：可将测出的电信号送至示波器、记录仪等仪器。

3. 声级频谱仪

频谱仪是测量噪声频谱的仪器，它的基本组成大致与声级计相似。但是频谱分析仪中，设置了完整的计权网络（滤波器）。借助于滤波器的作用，可以将声频范围内的频率分成不同的频带进行测量。例如，做倍频程划分时，若将滤波器置于中心频率 500 Hz，通过频谱分析仪的则是 335~710 Hz 的噪声，其他频率就不能通过，因此在频谱分析仪上所显示的就是频率为 355~710 Hz 噪声的声压级，其他类推。由于频谱分析仪能分别测量噪声中所包含的各种频带的声压级，所以它是进行噪声频谱分析不可缺少的仪器。一般情况下，进行频谱分析时，都采用倍频程划分频带。如果要对噪声进行更详细的频谱分析，就要用窄频带分析仪，如用 1/3 频程划分频带。在没有专用的频谱分析仪时，也可以把适当的滤波器接在声级计上进行频谱测定。

4. 自动记录仪

在现场噪声测量中，为了迅速、准确、详细的分析噪声源的特性，常把声级频谱仪与自动记录仪连用。自动记录仪将噪声频率信号做对数转换，用人造宝石或墨水将噪声的峰值、有效值、平均值表示出来。可根据噪声特性选用适当的笔速、纸速和电位计。

5. 磁带录音机

在现场噪声测量中如果没有频谱仪和自动记录仪，可用录音机（磁带记录仪）将噪声信号记录下来，以便在实验室用适当的仪器对噪声信号进行分析。选用的录音机必须具有较好的性能，它要求频率范围宽（一般为 20~15 000 Hz），失真小（小于 3%），信噪比大（35 dB 以上）。此外，还必须具有较好的频率响应和较宽的动态范围。

6. 实时分析仪

频谱仪是对噪声信号在一定频率范围内进行频谱分析，需花费很长的时间，且它只能分析稳态噪声信号，而不能分析瞬态噪声信号。实时分析仪是一种数字式频线显示仪，它能把测量范围内的输入信号在极短时间内同时反应在显示屏上，通常用于较高要求的研究测量，特别适用于脉冲信号分析。

（二）噪声测量的要点

①使用电池供电的监测仪器，必须检查电池电压，电压不足应予以更换。

②每次测量要仔细核准仪器，可用仪器上的“CAL”和“A”（或“C”）档按键以及灵敏度调节孔进行校准。

③为了防止风噪声对仪器的影响，在户外测量时要在传声器上装风罩。风力超过四级以上要停止测量。

④当测量的声压级与背景噪声相差不到 10 dB 时，应扣除背景噪声的影响，才是真正的声源声压级。实际测得的噪声级减去修正值即为测量声源的噪声级。

⑤注意反射声对测量的影响，一般要使传声器远离反射面 2~3 m。手持声级计，尽量使身体离开话筒，最好将声级计安装在三角架上，传声器离地面 1.2 m，人体距离话筒至少 50 cm。

⑥计权网络的选择，一般都采用 A 声级来评价噪声。

⑦快慢档的选择，快档用于起伏很小的稳态噪声，如果表头指针摆动超过 4 dB，则用慢档读数。在读数不稳时，可读表头指针摆动的中值。

⑧测点的选择随着不同的噪声测量内容而有不同的布置方法，技能训练中将另做介绍。

⑨测量记录应标明测点位置、仪器名称、型号、气候条件、测量时间及噪声源。

⑩所有声级的计算结果保留到小数点后一位。小数点后第二位的处理方法为：四舍六进；逢五则奇进偶舍。

三、噪声监测的具体程序

1. 噪声监测程序

噪声监测的一般程序包括现场调查和资料收集、布点和监测技术、数据处理和监测报告。

环境噪声来源于工业、建筑施工、道路交通和社会生活，监测前应调查有关工程的建设规模、生产方式、设备类型及数量，工程所在地区的占地面积、地形和总平面布局图、职工人数、噪声源设备布置图及其声学参数；调查道路、交通运输方式以及机动车流量；调查地理环境、气象条件、绿化装潢以及社会经济结构和人口分布；等。

环境噪声的监测范围不一定是越宽越好，也不能说掌握了几个主要噪声源周围几百米内的噪声就可以了，而应该是区域内噪声所影响的范围。监测点的选择、监测实践和监测方法因不同的噪声监测内容而异。测点一般要覆盖整个评价范围，重点要布置在现有噪声源对敏感区有影响的点上。其中，点声源周围布点密度应高一些。对于线声源，应根据敏感区分布状况和工程特点，确定若干测量断面，每一断面上设置一组测点。为便于绘制等声级线图，一般采用网格测量法和定点测量法。

环境噪声监测应根据评价工作需要分别给出各种噪声的评价量：等效连续 A 声级 L_{eq}、累计百分数声级 L_n、昼夜等效声级 L_{dn} 等，并按相应公式进行处理。根据监测的有关数据和调查资料写出监测报告。

2. 测量气象条件选择

监测气象条件一般为无雨、无雪天气，风力小于 4 级（风速小于 5.5 m/s）。

3. 噪声干扰因素消除

传声器位置要准确，指向要对准监测要求的方向，带风罩。同时保证仪器供电，仪器使用前后均应校准，监测时间避免近距离人为噪声干扰。24 h 监测应注意传声器防潮。

4. 数据处理

根据监测所要求的噪声评价量，确立对应的公式进行处理。

5. 评价方法

由监测到的数据，根据不同的监测项目要求，用数据平均法或图示法进行评价。

第二节　噪声污染监测

一、噪声污染的控制

（一）噪声控制原理

形成噪声污染的三要素是声源、传播途径、接收者。因此，一般噪声控制都是从这三要素来考虑。首先是降低声源的噪声，如果做不到，或能做到却不经济，则考虑从传播途径上降低噪声。如上述方案仍然达不到要求或不经济，则可考虑对接收者进行保护。实际上这些措施往往多项并用。

1. 控制和消除噪声源

降低声源本身的噪声是控制噪声的根本方法，应根据具体情况采取不同的解决方式。主要措施有：改进工艺，如用液压代替高噪声的锻压，以焊接代替铆接，用无梭代替有梭织布等；改造机械设备和运输工具结构，提高机械部件的加工精度和装配质量，以尽量减少机器部件的撞击、摩擦和振动，如将机械传动部分的普通齿轮改为有弹性轴套的齿轮；采用合理的操作方法；机动车在市区禁鸣喇叭；拖拉机禁止进城；对建筑工地施工和家庭装修实行限时；在内燃机排气管上加装消声器；用低噪声汽车喇叭和新型汽车消声器；用橡胶等软质材料制成垫片或利用弹簧部件垫在设备等下面进行隔振或减振；机动车年审中的噪声标准检测；改善城市基础设施，把快车道与慢车道分开，建行人过街天桥、地下通道等，以维持良好路况；要求生产厂家生产超低噪声型或静音设备；在市内和郊区城镇控制使用广播喇叭；控制家庭音响音量；市区平时禁放烟花爆竹；警车、消防车、工程抢险车、救护车等机动车辆安装、使用警报器，必须符合国务院公安部门的规定，在执行非紧急任务时，禁止使用警报器；等。

2. 传播途径上的降噪

主要措施有：使需要安静的地方远离噪声源；进行合理区域规划，合理布置建筑布局，合理布置交通干线等；实现功能区的划分，即把工业区与居民区、高噪声的车间与低噪声的车间分开等；控制噪声的传播方向；采用隔声技术，装设隔声窗，在立交桥高速路等附近建立隔声屏障，或利用天然屏障（土坡、山丘），或利用其他隔声材料和隔声结构来阻挡噪声的传播；采用吸声技术，应用吸声材料和吸声结构，将传播中的噪声声能吸收转化等；进行立体绿化；在通风道内衬砌吸声材料；车站站台采用吸声；除起飞、降落或者依法规定的情形以外，民用航空器不得飞越城市市区上空；等。

3. 接收者的防护

主要措施有：佩戴护耳器，如耳塞、耳罩、防声盔或者在耳孔中塞一小团棉花等；减少在噪声环境中的暴露时间；实行噪声作业与非噪声作业轮换制；设置供工人操作用的隔声间或操作隔声罩；等。

（二）噪声污染控制技术

1. 吸声

吸声是降低室内反射声的主要技术，它主要利用多孔性吸声材料和共振吸声结构进行降噪。依据入射声能一定，通过增大吸收声能降低反射声能。多孔性吸声材料对高频声有好的吸收效果，而共振吸声结构对低频声有好的降噪效果。在实际工程中两者常结合使用。

2. 隔声

隔声是用隔声结构如隔声窗、隔声门、隔声屏、隔声室、隔声罩、隔声墙、轻质复合结构等把声能屏蔽，从而降低噪声声辐射危害。在室内、室外均可采用，如轻轨、公路的两侧隔声屏，车间内部隔声屏，建筑用隔声门；等。

3. 消声

主要用于空气动力性噪声的降低，如风机、空气压缩机、汽车排气管等的输气管道的噪声降低。主要装置是消声器，它允许气流通过而把气流噪声吸收降低，以降低气流噪声的向外辐射。消声器有阻性、抗性、阻抗复合及特殊消声器四类。阻性消声器对中高频噪声消声效果较好；抗性消声器对中低频噪声消声效果较好；阻抗复合消声器适用于宽频带噪声的消声；特殊消声器适用于特定场合的消声，如微穿孔消声器适用于高温、潮湿、腐蚀、高速气流等场合；

节流减压排气消声器适用于高压排气噪声；等。

二、噪声的监测

（一）城市区域噪声监测

1. 布点

将要监测的城市划分为 500 m × 500 m 的网格，测量点选择在每个网格的中心，若中心点的位置不易测量，如房顶、污沟、禁区等，可移到旁边能够测量的位置。测量的网格数目不应少于 100 个格。若城市较小，可按 250 m × 250 m 的网格划分。

2. 测量

测量时应选在无雨、无雪天气，白天时间一般选在上午 8：00~12：00，下午 2：00~6：00。夜间时间一般选在 22：00~5：00。根据南北方地区的不同、季节的不同，时间可稍有变化。声级计可手持或安装在三脚架上，传声器离地面高度为 1.2 m，手持声级计时，应使人体与传声器相距 0.5 m 以上。选用 A 计权，调试好后置于慢档，每隔 5 s 读取一个瞬时 A 声级数值，每个测点连续读取 100 个数据（当噪声涨落较大时，应读取 200 个数据）作为该点的白天或夜间噪声分布情况。在规定时间内每个测点测量 10 min，白天和夜间分别测量，测量的同时要判断测点附近的主要噪声源（如交通噪声、工厂噪声、施工噪声、居民噪声或其他噪声源等），并记录下周围的声学环境。

（二）城市交通噪声

1. 布点

在每两个交通路口之间的交通线上选一个测点，测点设在马路旁的人行道上，一般距马路边缘 20 cm，这样选点的好处是该点的噪声可以代表两个路口之间的该段马路的交通噪声。

2. 测量

测量时应选在无雨、无雪的天气进行，以减免气候条件的影响，因风力大小等都直接影响噪声测量结果。测量时间同城市区域环境噪声要求一样，一般在白天正常工作时间内进行测量。选用 A 计权，将声级计置于慢档，安装调试好仪器，每隔 5 s 读取一个瞬时 A 声级，连续读取 200 个数据，同时记录车流量（辆 /h）。测量的数据记录在声级等时记录表中。

（三）工业企业噪声

1. 布点

测量工业企业外环境噪声，应在工业企业边界线外 1 m、高度 1.2 m 以上的噪声敏感处进行。围绕厂界布点，布点数目及时间间距视实际情况而定，一般根据初测结果中，声级每涨落 3 dB 布一个测点。如边界模糊，以城建部门划定的建筑红线为准。如与居民住宅毗邻时，应取该室内中心点的测量数据为准，此时标准值应比室外标准值低 10 dB（A）。如边界设有围墙、房屋等建筑物时，应避免建筑物的屏障作用对测量的影响。

测量车间内噪声时，若车间内部各点声级分布变化小于 3 dB 时，只需要在车间选择 1~3 个测点；若声级分布差异大于 3 dB，则应按声级大小将车间分成若干区域，使每个区域内的声级差异小于 3 dB，相邻两个区域的声级差异应大于或等于 3 dB，并在每个区选取 1~3 个测点。这些区域必须包括所有工人观察和管理生产过程而经常工作活动的地点和范围。

2. 测量

测量应在工业企业的正常生产时间内进行，分昼间和夜间两部分。传声器应置于工作人员的耳朵附近，测量时工作人员应从岗位上暂时离开，以避免声波在工作人员头部引起的散射声使测量产生误差，必要时适当增加测量次数。计权特性选择 A 声级，动态特性选择慢响应。稳态噪声，只测量 A 声级。非稳态噪声，则在足够长时间内（能代表 8 h 内起伏状况的部分时间）测量，若声级涨落在 3~10 dB 范围，每隔 5 s 连续读取 100 个数据；声级涨落在 10 dB 以上，连续读取 200 个数据，测量的数据记录在声级等时记录表中。由于工业企业噪声多属于间断性噪声，所以在实际监测中可通过测量不同 A 声级下的暴露时间，测量的数据也记录在表中。

（四）机动车辆噪声

1. 布点

对城市环境密切相关的是车辆行驶的车外噪声。车外噪声测量需要平坦开阔的场地。在测试中心周围 25 m 半径范围内不应有大的反射物。测试跑道应有 20 m 以上平直、干燥的沥青路面或混凝土路面，路面坡度不超过 0.5%。测点应选在 20 m 跑道中心 *0* 点两侧，距中线 7.5 m，距地面 1.2 m。

2. 测量

测量时应选在无雨、无雪天气，白天时间一般选在上午 8：00~12：00，下午 2：00~6：00。夜间时间一般选在 22：00~5：00。根据南北方地区的不同、季节的不同，时间可稍有变化。声级计用三脚架固定，传声器平行于路面，其轴线垂直于车辆行驶方向。本底噪声至少应比所测车辆噪声低 10 dB（A），为了避免风噪声干扰，可采用防风罩。声级计用 A 计权，“快”档读取车辆驶过时的最大读数。测量时要避免测试人员对读数的影响。各类车辆按测试方法所规定的行驶挡位分别以加速和匀速状态驶入测试跑道。同样的测量往返进行一次。车辆同侧两次测量结果之差不应大于 3 dB（A）。

若只用一个声级计测量，同样的测量应进行四次，即每侧测量两次。测量数据记录在表中。

第三节　噪声环境质量评价

噪声评价的目的是为了有效地提出适合于人们对噪声反应的主观评价量。由于噪声变化特性的差异以及人们对噪声主观反应的复杂性，使得对噪声的评价较为复杂。多年来各国学者对噪声的危害和影响程度进行了大量研究，提出了各种评价指标和方法，期望得出与主观性响应相对应的评价量和计算方法，以及所允许的数值和范围。本节主要介绍一些已经被广泛认可和使用比较频繁的一些评价量和相应的噪声标准。

一、主观评价

（一）响度

在噪声的物理量度中，声压和声压级是评价噪声强弱的常用物理量度。人耳对噪声强弱的主观感觉，不仅与声压级的大小有关，而且还与噪声频率的高低、持续时间的长短等因素有关。人耳对高频率噪声较敏感，对低频率噪声较迟钝。对两个具有同样声压级但频率不同的噪声源，高频声音给人的感觉就比低频的声音更响。比如毛纺厂的纺纱车间的噪声和小汽车内的噪声，声压级均为 90 dB，可前者是高频，后者是低频，听起来会感觉前者比后者响得多。为了用一个量来反映人耳对噪声的这一特点，人们引出了响度概念。响度是人耳判别噪声由轻到响的强度概念，它不仅取决于噪声的强度（如声压级），还与它的频率和波形有关。响度用 N 表示，单位是宋（sone），定义声压级为 40 dB，频率为 1 000 Hz 的纯音为

1 sone。如果另一个噪声听起来比 1 sone 的声音大 *n* 倍，即该噪声的响度为起 *n* sone。

（二）响度级

为了定量地确定声音的轻或响的程度，通常采用响度级这一参量。响度级是建立在两个声音主观比较的基础上，选择 1 000 Hz 的纯音做基准声音，若某一噪声听起来与该纯音一样响，则该噪声的响度级在数值上就等于这个纯音的声压级（dB）。响度级用 L_N 表示，单位是方（phon）。例如，某噪声听起来与声压级为 80 dB，频率为 1 000 Hz 的纯音一样响，则该噪声的响度级就是 80 phon。响度级是一个表示声音响度的主观量，它把声压级和频率用一个概念统一起来，既考虑声音的物理效应，又考虑声音对人耳的生理效应。

（三）等响曲线

利用与基准声音相比较的方法，通过大量的试验，得到一般人对不同频率的纯音感觉为同样响的响度级与频率的关系曲线，即等响曲线。最下面的是听阈曲线，上面 120 phon 的曲线是痛阈曲线，听阈和痛阈之间是正常人耳可以听到的全部声音。不同声压级，不同频率的声音可产生相同响度的噪声。比如 1 000 Hz 60 dB、4 000 Hz 52 dB、100 Hz 67 dB、30 Hz 88 dB 的声音听起来一样响，同为 60 phon 的响度级。

二、计权声级

由于用响度级来反映人耳的主观感觉太复杂，而且人耳对低频声不敏感，对高频声较敏感。为了模拟人耳的听觉特征，人们在等响曲线中选出三条曲线，即 40 phon、70 phon、100 phon 的曲线，分别代表低声级、中强声级和高强声级时的响度，并按这三条曲线的形状，设计出 A、B、C 三档计权网络，在噪声测量仪器上安装相应的滤波器，对不同频率的声音进行一定的衰减和放大，这样便可从噪声测量仪器上直接读出 A 声级、B 声级、C 声级，这些声级统称 L_A、L_B、L_C 计权声级，分别记为 dB（A）、dB（B）、dB（C）。在关于国际电工委员会（IEC）规定的四种计权网络频率响应的相对声压级曲线中可以看出，其中 A 计权网络相当于 40 phon 等响曲线的倒置；B 计权网络相当于 70 phon 等响曲线的倒置；C 计权网络相当于 100 phon 等响曲线的倒置；D 计权声级是对噪声参量的模拟，专用于飞机噪声的测量。

近年来研究表明，不论噪声强度是多少，利用 A 声级都能较好地反映噪声对人吵闹的主观感觉和人耳听力损伤程度。因此，现在常用 A 声级作为噪声测量和评价的基本量。今后如果不做说明均指的是 A 声级。A 声级通常用符号 L_A 表示，单位是 dB（A）。

下篇　环境管理

随着人类社会的发展，全球环境问题日益凸显与加重，使得人类越来越重视通过管理的手段来改善环境。因此，各个国家设立了环境保护相关部门，其目的就是运用行政、法律、经济、教育和科学技术手段，协调社会经济发展同环境保护之间的关系，处理国民经济各部门、各社会集团和个人有关环境问题的相互关系，使社会经济发展在满足人们物质和文化生活需要的同时，防治环境污染和维护生态平衡，这实际上就是环境管理的基本职能和核心。由于环境管理的内容涉及土壤、水、大气、生物等各种环境因素，环境管理的领域涉及经济、社会、政治、自然、科学技术等方面，环境管理的范围涉及国家的各个部门，所以环境管理具有高度的综合性。

向“管理”寻求出路，本质上就是改变人类的生存方式以及相应的基本观念。这也是环境管理“千呼万唤始出来”的原因。现代环境管理的发展越来越系统化和完善，不论是从环境计划管理、环境质量管理、还是环境技术管理上都有了长足的发展。在此基础上，再与环境管理制度相结合，使之制度化、法律化，那么环境管理的应用就会更加有时效性，在当代社会发挥重要作用。

第六章　环境管理基本概念及与环境监测的关系

环境管理是在环境保护实践中产生，又在环境保护实践中发展起来的。通常环境管理包含着两层含义：一是将环境管理作为一门学科，即环境管理学，它是环境科学与管理科学交叉渗透的产物，是在环境管理的实践基础上产生和发展起来的一门科学，是以实现国家的可持续发展战略为根本目的，研究政府及有关机构依据国家有关法律、法规，用一切手段来控制人类社会经济活动与自然环境之间关系的科学；二是将环境管理作为一个工作领域，它是环境保护工作的一个重要组成部分，是环境管理学在环境保护实践中的运用，主要解决环境保护的实践问题，是政府环境保护行政管理部门的一项最主要的职能。本章就主要论述环境管理基本概念及与环境监测的关系。

第一节　环境管理

一、环境管理的基本概念

随着环境问题的发展，尤其是人们对环境问题认识的不断提高，环境管理的概念和方法发生了很大的变化。

早在 20 世纪 70~80 年代，人们对环境管理的理解仅停留在环境管理的微观层次上，把环境保护部门视为环境管理的主体，把环境污染源视为环境管理的对象，并没有从人的管理入手，没有从国家经济、社会发展战略的高度来思考。

到了 20 世纪 90 年代，人们对环境管理有了新的认识。根据学术界对环境管理的认识，可以把环境管理的概念概括如下：所谓环境管理是将环境与发展综合决策与微观执法监督相结合，运用经济、法律、技术、行政、教育手段，限制人类损害环境质量的活动，通过全面化规则使经济发展与环境相协调，达到既要发展经济满足人类的基本需要，又不超出环境的容许极限。

进入 21 世纪以来，全球环境问题继续加剧，人类对环境管理的认识也在不断深化。研究结果表明，要全面理解环境管理的含义，必须注意以下四个方面的问题：第一，协调发展与环境的关系。建立可持续发展的经济体系、社会体系和保持与之相适应的可持续利用的资源和环境基础，这是环境管理的根本目标。第二，动用各种手段限制人类损害环境质量的行为。人在管理活动中扮演着管理者和被管理者的双重角色，具有决定性的作用。因此，环境管理实质上是要限制人类损害环境质量的行为。第三，环境管理和任何管理活动一样，是一个动态过程。环境管理要适应科学技术规模的迅猛发展，及时调整管理对策和方法，使人类的经济活动不超过环境的承载能力和自净能力。第四，环境保护是国际社会共同关注的问题，环境管理需要各国超越文化和意识形态等方面的差异，采取协调合作的行动。

透过环境管理这一概念的变化反映出了人类对环境保护规律认识的深化程度。由此，可以得出以下结论：

（1）环境管理的核心是对人的管理。因为人是各种行为的实施主体，是产生各种环境问题的根源。长期以来，环境管理中的一个误区就是将污染源作为管理对象，使环境管理工作长期处于被动局面。因此，环境管理应着力于对损害环境质量的人的活动施加影响，环境问题才能得到有效解决。这种管理对象的变化是环境管理理论创新与实践深化的一个重要标志。

（2）环境管理是国家管理的重要组成部分。环境管理的好坏直接影响到一个国家或一个地区可持续发展战略实施的成败，影响到人与自然间能否和谐相处，共同发展。它不仅仅是技术问题，也是重要的社会经济问题。环境管理涉及社会领域、经济领域和资源领域在内的所有领域。其内容非常广泛和复杂，与国家的其他管理工作紧密联系、相互影响和制约，是国家管理系统的重要组成部分。

（3）环境管理是针对次生环境问题而言的管理活动，主要解决由于人类活动所造成的各类环境问题。

二、环境管理的特点

环境管理是国家管理的重要组成部分，是国家意志的体现，其性质主要表现在权威性和强制性两个方面。权威性表现为环境保护行政主管部门代表国家和政府开展环境管理工作，行使环境保护的权力和职能，政府其他部门要在环保部门的统一监督管理之下履行国家法律所赋予的环境保护责任和义务。强制性表现为在国家法律和政策允许的范围内，为实现环境保护目标所采取的强制性对策和措施。

环境管理的特点主要表现在区域性、综合性、社会性和决策的非程序化上。

（一）环境管理的区域性

作为一个工作领域，环境管理存在很强的区域性特点。这个特点是由环境问题的区域性、经济发展的区域性、资源配置的区域性、科技发展的区域性和产业结构的区域性等特点所决定的。

例如，我国从地理位置上看是“西高东低”，但从经济发展水平和人们的环境意识上看却是“东高西低”。环境管理的区域性特点告诉我们，开展环境管理要从国情、省情、地情出发，既要强调全国的统一化管理，又要考虑区域发展的不平衡性，防止简单化，不搞“一刀切”。既不能盲目照搬国外先进的管理经验，又不能盲目推广国内个别地区的管理做法。既不能按照东部沿海地区的发展模式来发展中、西部地区的经济，又不能完全按照东部沿海地区环境保护的标准和要求来推进中、西部地区的环境保护工作。开展环境管理工作，要从实际情况出发，制订有针对性的环境保护目标和环境管理的对策与措施。

（二）环境管理的综合性

环境管理的综合性是由环境问题的综合性、管理手段的综合性、管理领域的综合性和应用知识的综合性等特点所决定的。因此，开展环境管理必须从环境与发展的综合决策入手，建立地方政府负总责、环保部门统一监督管理、各部门分工负责的管理体制，走区域环境综合治理的道路。

环境管理的综合性是区别于一般行政管理的主要特点之一。在实际环境管理工作中，既要充分发挥环境保护部门的职能和作用，又要动员全社会的力量，极大地调动社会各阶层及政府各部门的环境保护积极性，实施分工合作、综合协调、综合管理。

（三）环境管理的社会性

保护环境就是保护人的环境权和生存权。因此，环境保护是全社会的责任与义务，涉及每个人的切身利益，开展环境管理除了专业力量和专门机构外，还需要社会公众的广泛参与。这意味着一方面要加强环境保护的宣传教育，提高公众的环境意识和参与能力；另一方面要建立健全环境保护的社会公众参与和监督机制，这是强化环境管理的两个重要条件。

培养公众较强的环境意识和参与能力是做好环境保护工作的社会基础。离开了这个社会基础，环境保护事业将一事无成。有了这个社会基础，才能更好地发挥环境保护部门执法监督的职能。

实践证明，环境管理离不开强有力的监督。而来自于社会公众的这种“自下而上”的监督远大于来自于政府的“自上而下”的监督。为做到这一点，提高社会公众的环境意识及建立健全环境保护的社会公众参与和监督机制是非常重要的，也是推进国家环境保护事业的一项紧迫任务。

（四）环境决策的非程序化特点

决策可分为程序化决策和非程序化决策两种，它是针对组织活动所存在的例行和非例行两种活动而分类的。程序化决策是针对诸如材料管理、财务管理、工商税务管理、交通管理等一类例行活动而言的。这类决策可以程序化到呈现出重复和例行状态，可以程序化到制订出一套处理这些决策的固定程序，以致每当它出现时，不需要再重复处理它们。非程序化决策是指那种从未出现过的，或者其确切的性质和结构还不很清楚或者相当复杂的决策。比如新产品的研究和开发、企业的多样化经营、新工厂的扩建、环境执法监督等一类非例行状态的决策。这类决策可以非程序化到使它们表现为新颖、无结构、具有不寻常影响的程度。一般行政管理具有决策的程序化特点，对于重复出现的问题可采用固定的程序来决策、来解决。而环境管理中的决策大多数表现为新颖、无结构、具有非寻常的、非重复的例行状态和不寻常的影响。这是因为每一环境问题的产生具有非例行、非寻常状态，每一环境问题的处理和解决的程序与方案无法预先设定。因此，环境决策具有明显的非程序化特点，这是环境管理与一般行政管理的另一个重要区别。

三、环境管理的目的

环境管理的目的是解决环境污染和生态破坏所造成的各类环境问题，保证区域的环境安全，实现区域社会的可持续发展。具体来说就是创建一种新的生产方式、新的消费方式、新的社会行为规则和新的发展方式。

依据这一目的，环境管理的基本任务就是：转变人类社会的一系列基本观念和调整人类社会的行为，促进整个人类社会的可持续发展。

人是各种行为的实施主体，是产生各种环境问题的根源。因此，环境管理的实质是影响人的行为，只有解决人的问题，从自然、经济、社会三种基本行为入手开展环境管理，环境问题才能得到有效解决。那么，环境管理涉及哪些内容呢？从不同的角度划分如下：

（一）从环境管理的范围来划分

1. 资源环境管理

依据国家资源政策，以资源的合理开发和持续利用为目的，以实现可再生资源的恢复和扩大再生产，不可再生资源的节约利用和代替资源的开发为内容的环境管理。资源管理的目标是在经济发展过程中，合理使用自然资源从而优化选择。

2. 区域环境管理

区域环境管理是以行政区划分为归属边界，以特定区域为管理对象，以解决该区域内环境问题为内容的一种环境管理。

3. 部门环境管理

部门环境管理是以具体的单位和部门为管理对象，以解决该单位或部门内的环境问题为内容的一种环境管理。

（二）从环境管理的性质来划分

1. 环境规划与计划管理

环境规划与计划管理是依据规划与计划而开展的环境管理。这是一种超前的主动管理。其主要内容包括：制订环境规划；对环境规划的实施情况进行检查和监督。

2. 环境质量管理

环境质量管理是一种以环境标准为依据，以改善环境质量为目标，以环境质量评价和环境监测为内容的环境管理。它是一种标准化的管理，包括环境调查、监测、研究、信息、交流、检查和评价等内容。

3. 环境技术管理

环境技术管理是一种通过制订环境技术政策、技术标准和技术规程，以调整产业结构，规范企业的生产行为，促进企业的技术改革与创新为内容，以协调技术经济发展与环境保护关系为目的的环境管理。它包括环境法规标准的不断完善、环境监测与信息管理系统的建立、环境科技支撑能力的建设、环境教育的深化与普及、国际环境科技的交流与合作等。环境技术管理要求有比较强的程序性、规范性、严禁性和可操作性。

第二节　环境管理法规

一、环境保护法的基本原则

环境保护法的基本原则，是环境保护方针、政策在法律上的体现，是调整环境保护方面社会关系的指导规范，也是环境保护立法、司法、执法、守法必须遵循的准则，它反映了环保法的本质，并贯穿环境保护法制建设的全过程，具有十分重要的意义。

（一）经济建设与环境保护协调发展的原则。

根据经济规律和生态规律的要求，环境保护法必须认真贯彻“经济建设、城市建设、环境建设同步规划、同步实施、同步发展的三同步方针”和“经济效益、环境效益、社会效益的三统一方针”。

（二）预防为主，防治结合的原则。

预防为主的原则，就是“防患于未然”的原则。环境保护中预防污染不仅可以尽可能地提高原材料、能源的利用率，而且可以大大地减少污染物的产生量和排放量，减少二次污染的风险，减少末端治理负荷，节省环保投资和运行费用。“预防”是环境保护第一位的工作。然而，根据目前的技术、经济条件，工业企业做到“零排放”也是很困难的，所以还必须与治理结合。

（三）污染者付费的原则。

污染者付费的原则通常也称为“谁污染，谁治理”“谁开发，谁保护”原则，其基本思想是明确治理污染、保护环境的经济责任。

（四）政府对环境质量负责的原则。

环境保护是一项涉及政治、经济、技术、社会各个方面的复杂又艰巨的任务，是我国的基本国策，关系到国家和人民的长远利益，解决这种带有全局性、综合性很强的问题，是政府的重要职责之一。

（五）依靠群众保护环境的原则。

环境质量的好坏关系到广大群众的切身利益，因此保护环境，不仅是公民的义务，也是公民的权利。

18 世纪末 19 世纪初的产业革命，使社会生产力大发展，也使大气污染和水污染日趋严重。20 世纪后，化学和石油工业的发展对环境的污染更为严重。一些国家先后采取立法措施，以保护人类赖以生存的生态环境。一般先是地区性立法，后发展成全国性立法，其内容最初只限于工业污染，后来发展为全面的环境保护立法。随着全球性的环境污染和破坏的发生，国际环境法应运而生。

中国非常重视环境保护立法工作。《中华人民共和国宪法》明确规定："国家保护和改善生活环境和生态环境，防治污染和其他公害。"《中华人民共和国刑法》将严重危害自然环境、破坏野生动植物资源的行为定为危害公共安全罪和破坏社会主义经济秩序罪。1979 年，全国人民代表大会常务委员会通过并颁布了《中华人民共和国环境保护法（试行）》。自 1982 年以后，全国人民代表大会常务委员会先后通过了《中华人民共和国海洋环境保护法》《中华人民共和国水污染防治法》和《中华人民共和国大气污染防治法》。1989 年 12 月 26 日第七届全国人民代表大会常务委员会第十一次会议通过了《中华人民共和国环境保护法》，2014 年 4 月 24 日第十二届全国人民代表大会常务委员会第八次会议修订通过，2015 年 1 月 1 日起施行。另外，国务院还颁布了一系列保护环境、防止污染及其他公害的行政法规。

《中华人民共和国环境保护法》共七章，包括总则、监督管理、保护和改善环境、防治污染和其他公害、信息公开和公众参与、法律责任和附则。主要内容有：适用范围包括大气、水、海洋、土地、矿藏、森林、草原、野生生物、自然遗迹、人文遗迹、自然保护区、风景名胜区、城市和乡村等。该法规定应防治的污染和其他公害有：废气、废水、废渣、粉尘、恶臭气体、放射性物质以及噪声、振动、电磁波辐射等。通过规定排污标准，建立环境监测、防污设施建设"三同时"，交纳超标准排污费等制度，保护和改善生活环境与生态环境，防治污染和其他公害。

二、环境法体系

中国目前已经形成了以《中华人民共和国宪法》为基础，以《中华人民共和国环境保护法》为主体的环境法律体系。

（一）宪法

《中华人民共和国宪法》规定："国家保护和改善生活环境和生态环境，防治污染和其他公害。国家保障自然资源的合理利用，保护珍贵的动物和植物。禁止任何组织或者个人用任何手段侵占或者破坏自然资源。"

（二）基本法

《中华人民共和国环境保护法》，是中国环境保护的基本法。该法确立了经济建设、社会发展与环境保护协调发展的基本方针，规定了各级政府、一切单位和个人保护环境的权利和义务。

（三）环境保护法律、法规

环境保护法律、法规是针对特定的保护对象如某种环境要素或特定的环境社会关系而专门调整的立法。它以宪法和基本法为依据，又是宪法和基本法的具体化。法律、法规名目多，内容广。

（四）环境保护部门规章、规范性文件

根据《中华人民共和国环境保护法》国家环境保护局（现为国家环境保护总局）也制定了大量的部门规章和规范性文件，如《水污染防治法实施细则》《大气防污染防治法实施细则》《环境保护行政处罚办法》《建设项目竣工环境保护验收管理办法》等。

我国政府还制定了《噪声污染防治条例》《自然保护区条例》《放射性同位素与射线装置放射防护条例》《化学危险品安全管理条例》《淮河流域水污染防治暂行条例》等多个环境保护行政法规及规范性文件。中国人民解放军也制定了相应的规章和规范性文件，如《中国人民解放军环境保护条例》《军队环境噪声污染防治规定》《军队企业负责人环保责任制办法》等。

（五）环境保护地方性法规

各地方人民代表大会和地方人民政府为实施国家环境保护法律，结合本地区的具体情况，制定和颁布了600多项环境保护地方性法规。

（六）环境标准

环境标准是环境法律体系的一个重要组成部分，包括环境质量标准、污染物排放标准、环境基础标准样品标准和方法标准。环境质量标准、污染物排放标准分为国家标准和地方标准。环境质量标准和污染物排放标准属于强制性标准，违反强制性环境标准，必须承担相应的法律责任。

（七）其他部门法中关于环境保护的法律规范

有关程序、实体法律、法规和部门法也包含许多关于环境保护的法律规范。如《民法通则》《刑法》《治安管理处罚条例》，以及一些经济法规、其他法规，如《中华人民共和国节约能源法》《消防法》《文物保护法》《卫生防疫法》等与环境保护工作密切相关。

（八）国际环境保护公约

中国政府为保护全球环境而签订的国际公约，如“巴塞尔公约”“蒙特利尔议定书”是中国承担全球环境保护义务的承诺。国际公约的效力高于国内法律（我国保留的条款例外）。

三、中国环境法确立的基本原则

（一）经济建设和环境保护协调发展的原则

环境管理是管理资源的工作，是国家经济工作的一部分，必须使环境保护和经济发展按比例协调发展。为此，首先要把环境保护作为一项重要国家任务，纳入各级政府的重要议事日程和国家计划经济管理的轨道，在制定、审批、下达国民经济和社会发展规划、计划时，必须把环境目标、指标、措施、资金、设备等列入各级有关部门的计划，把对环境、资源的管理同有关部门的经济管理、企业管理有机结合起来。

（二）以防为主、防治结合、综合治理的原则

这条基本原则是我国在环保工作实践中，在借鉴国外经验教训的基础上总结出来的，是我国环境保护的基本政策之一，是搞好环境管理的重要途径。我国环保法的许多条款，都贯穿着以防为主、全面规划、合理布局的原则。为什么要以防为主？这是因为环境一旦遭受污染和破坏后，要消除这种污染所带来的影响，往往需要较长的时间，甚至难以消除。

（三）依靠群众的原则

环保法除了在总则第 8 条还规定“公民对污染和破坏环境的单位及个人，有权监督、检举和控告”，这就从法律上保障了每个公民对环境保护的责任和权利，使环境保护的专业管理和群众监督相结合，使法制管理和人民群众的自觉维护相结合，调动广大群众同污染和破坏环境的违法行为作斗争的积极性。

（四）奖励惩罚相结合的原则

这条原则在我国环保法的若干条文中均有所体现。特别是奖励综合利用，更是一条基本经济政策和法律制度。我国环保法做出相关规定，国家对在环境保护工作中作出突出成绩和贡献的单位、个人，给予表扬和奖励。对企业利用废水、废气、废渣作主要原料生产的产品，给以免税和价格政策上的照顾，盈利所得不上交，由企业用于治理污染和改善环境。而且，环保法还规定了惩罚制度，即对违反法律破坏生态、污染环境的单位或个人，要依法追究法律责任，

给予必要的法律制裁。

第三节 环境管理制度

自1979年以来，经过30多年的努力，我国环境管理制度日益丰富和完善，并在环境监督管理中发挥了十分重要的作用。目前比较成熟的环境管理制度有环境影响评价制度、“三同时”制度、排污收费制度、环境保护目标责任制、城市环境综合整治定量考核制度、限期治理制度、排污申报登记制度、环境标准制度、环境监测制度、环境污染与破坏事故报告制度、现场检查制度、强制应急措施制度等。目前正在建立和发展环境管理制度有环境保护许可证制度、污染物排放总量控制制度、环境标志制度、落后工艺设备限制期淘汰制度等。本节就以下几个制度进行举例说明。

一、“三同时”制度

（一）“三同时”制度的概念

“三同时”制度是我国首创的并为我国法律所确认的一项重要的控制新污染源的环境管理制度，具有中国特色。从广义上讲，“三同时”管理是从宏观上、整体上、规划上去保证经济建设、城乡建设与环境建设同步规划、同步实施、同步发展，达到经济效益、社会效益与环境效益三统一战略方针的有力措施。通常所指的“三同时”制度则是针对“三同步”方针中规定的“同步实施”这一关键要求去监督一切新建、扩建、改建项目、技术改造项目、区域开发建设项目以及可能对环境造成损害的其他工程项目，其有关防治污染和其他公害的设施和其他环境保护设施必须与主体工程同时设计、同时施工、同时投产。

（二）“三同时”管理制度的目的

该项制度是根据“预防为主”的方针，落实防治开发建设活动对环境产生污染与破坏的措施，并根据“以新带老”的原则加速治理已有的污染，防止新建项目建成投产后，出现新的环境污染与破坏，以保证经济效益、社会效益与环境效益相统一。

我国对环境污染的控制，包括两个方面：一是对原有老污染源的治理，一是对新建项目产生的新污染源的防治。我国在20世纪50年代和以前建设的老企业，一般都没有防治污染的设施，这是我国环境污染严重的原因之一。如果新建项目不采取污染防治措施，势必随着社会经济的发展，增加大量新的污染源，这样我国将面临一种污染不能控制而且步步恶化的可怕局面。“三同时”制度的建立，则是防止新污染产生的卓有成效的法律制度。

“三同时”制度的实行必须和环境影响评价制度结合起来，成为贯彻“预防为主”方针的完整的环境管理制度。因为只有“三同时”而没有环境影响评价，会造成选址不当，只能减轻污染危害，而不能防止环境隐患，而且投资巨大。把“三同时”和环境影响评价结合起来，才能做到合理布局，最大限度地消除和减轻污染，真正做到防患于未然。因此，该制度与环境影响评价制度被称为我国环境保护工作的“两大法宝”。

二、环境影响评价制度

环境影响评价，又叫环境质量预断评价，是指在一定区域内进行开发建设活动，事先对拟建项目可能对周围环境造成的影响进行调查、预测和评定，并提出防治对策和措施，为项目决策提供科学依据。环境影响评价具有预测性、客观性、综合性、法定性等基本特点。

（一）环境影响评价制度的意义

环境影响评价制度是环境影响评价在法律上的表现。中国这方面的法规有：1998 年颁布的《建设项目环境保护管理条例》以及 1989 年国家环保局发布的《建设项目环境影响评价证书管理办法》。

实行环境影响评价制度有如下三点重要的意义：一是可以把经济建设与环境保护协调起来。二是可以真正把各种建设开发活动的经济效益和环境效益统一起来，把经济发展和环境保护协调起来。三是体现了公众参与原则。

（二）环境影响评价的内容和形式

环境影响评价主要包括以下 5 个方面：①评价的对象是拟定中的政府有关的经济发展规划和建设单位兴建的建设项目；②评价单位要分析、预测和评估所评价对象在其实施后可能造成的环境影响；③评价单位通过分析、预测和评估，提出具体而明确的预防或者减轻不良环境影响的对策和措施；④环保部门对规划和建设项目实施后的实际环境影响，要进行跟踪监测和评价；⑤环境影响评价制度则是有关环境影响评价的范围、内容、程序、法律后果等事项的法律规则系统。

根据建设项目所作的环境影响评价深度的不同，立法上把环境影响评价分为两种形式：一是环境影响报告书，二是环境影响报告表。

1. 环境影响报告书

环境影响报告书是由开发建设单位依法向环境保护行政主管部门提交的关于开发建设项目环境影响预断评价的书面文件。环境影响报告书的适用对象是大中型基本建设项目和限额以上技术改造项目，县级或县级以上环境保护部门认为对环境有较大影响的小型基本建设项目和限额以下技术改造项目。报告书的编制目的是：在项目的可行性研究阶段就对项目可能对环境造成的近期和远期影响、拟采取的防治措施进行评价，论证和选择技术上可行，经济、布局上合理，对环境的有害影响较小的最佳方案，为领导部门决策提供科学依据。环境影响报告书的内容主要包括总论、建设项目概况、建设项目周围地区的环境状况调查、建设项目对周围地区和环境近期及远期影响的分析和预测、环境监测制度建议、环境影响经济损益简要分析、结论、存在的问题与建议等 8 个方面。其中的结论，应当包括建设项目对环境质量的影响，建设规模、性质、选址是否合理，是否符合环境保护要求，所采取的防治措施在技术上是否可行，经济上是否合理，是否需要再做进一步的评价等内容。环境影响报告书的编制单位必须是受建设单位委托的持有环境影响评价证书的单位。建设单位只有委托持有评价证书的单位编写环境影响报告书，其环境影响评价才是有效的。

2. 环境影响报告表

环境影响报告表是由建设单位向环境保护行政主管部门填报的关于建设项目概况及其环境影响的表格。环境影响报告表的适用对象是小型建设项目和限额以下技术改造项目，以及经省环境保护行政主管部门确认为对环境影响较小的大中型基本建设项目和限额以上技术改造项目；填报该表的目的是为了弄清建设项目的基本情况及其环境影响情况，以便有针对性地采取环境保护措施。报告表的主要内容包括：项目名称，建设性质、地点、依据、占地面积、投资规模，主要产品产量，主要原材料用量，有毒原料用量，给排水情况，年能耗情况，生产工艺流程或资源开发、利用方式简要说明；污染源及治理情况分析，包括产生污染的工艺装置或设备名称，产生的污染物名称、总量、出口浓度，治理措施、回收利用方案或其他处置措施和处理效果；建设过程中和项目建成后对环境影响的分析及需要说明的问题。环境影响报告表的填写单位也必须是受建设单位委托的持有环境影响评价证书的单位。

三、排污收费制度

（一）排污收费制度的概念

排污收费制度是指国家环境管理机关根据法律规定，对排放污染物的组织或个人（即污染者）征收一定费用的制度，这是贯彻污染者负担原则（PPP）的一种形式。在国外称污染收费、征收污染税或生态税。

（二）征收排污费的对象

直接向环境排放污染物的单位和个体工商户（以下简称排污者），应当依照本条例的规定缴纳排污费。

排污者向城市污水集中处理设施排放污水、缴纳污水处理费用的，不再缴纳排污费。排污者建成工业固体废物贮存或者处置设施、场所并符合环境保护标准，或者其原有工业固体废物贮存或者处置设施、场所经改造符合环境保护标准的，自建成或者改造完成之日起，不再缴纳排污费。

国家积极推进城市污水和垃圾处理产业化。城市污水和垃圾集中处理的收费办法另行制定。

（三）征收排污费的范围和标准

排污者应当按照下列规定缴纳排污费。

（1）依照大气污染防治法、海洋环境保护法的规定，向大气、海洋排放污染物的，按照排放污染物的种类、数量缴纳排污费。

（2）依照水污染防治法的规定，向水体排放污染物的，按照排放污染物的种类、数量缴纳排污费；向水体排放污染物超过国家或者地方规定的排放标准的，按照排放污染物的种类、数量加倍缴纳排污费。

（3）依照固体废物污染环境防治法的规定，没有建设工业固体废物贮存或者处置的设施、场所，或者工业固体废物贮存或者处置的设施、场所不符合环境保护标准的，按照排放污染物的种类、数量缴纳排污费；以填埋方式处置危险废物不符合国家有关规定的，按照排放污染物的种类、数量缴纳危险废物排污费。

（4）依照环境噪声污染防治法的规定，产生环境噪声污染超过国家环境噪声标准的，按照排放噪声的超标声级缴纳排污费。排污者缴纳排污费，不免除其防治污染、赔偿污染损害的责任和法律、行政法规规定的其他责任。

（5）负责污染物排放核定工作的环境保护行政主管部门，应当根据排污费征收标准和排污者排放的污染物种类、数量，确定排污者应当缴纳的排污费数额，并予以公告。

（6）排污费数额确定后，由负责污染物排放核定工作的环境保护行政主管部门向排污者送达排污费缴纳通知单。排污者应当自接到排污费缴纳通知单之日起 7 日内，到指定的商业银行缴纳排污费。商业银行应当按照规定的比例将收到的排污费分别解缴中央国库和地方国库。具体办法由国务院财政部门会同国务院环境保护行政主管部门制定。

第七章　环境管理的手段

环境管理既是一门学科，又是一个工作领域，作为一门学科，环境管理学是环境科学与管理科学交叉渗透的产物，是环境科学一个重要的学科分支。作为工作领域，它是环境保护工作的一个重要组成部分。在环境管理中，需要一定的手段，本章就环境管理的手段进行论述。

第一节　环境监察

一、环境监察的含义

从文字解释来看，“监”是自上临下或从旁察看的意思，“察”在这里是仔细观看、调查、考核，对事物进行分析研究的意思。因此，“监察”从字面上理解就是站在一定的高度，通过对人物、事物、现象的直接观察和客观分析，加以审核、判断，并依法进行处置、处理的行为和活动。各级环境保护行政主管部门设立的环境监察机构就是在各级环境保护行政主管部门的领导下，依法对辖区内一切单位和个人履行环保法律法规，执行环境保护各项政策、制度和标准的情况进行现场监督、检查、处理的专职机构。

环境监察要突出“现场”和“处理”这两个概念，即环境监察是在环境现场进行的执法活动。环境监察不是“环境管理”，而是“日常、现场、监督、处理”。环境监察是一种具体的、直接的、“微观”的环境保护执法行为，是环境保护行政部门实施统一监督、强化执法的主要途径之一，是我国社会主义市场经济条件下实施环境监督管理的重要举措。

二、环境监察在环境监督管理中的地位

依照法律规定，各级环境行政主管部门对辖区环境保护工作实施统一监督管理，因此环境保护行政主管部门就是环境监督管理主体部门。环境监督管理职能由三个层次组成：第一层次是环境行政主管部门代表政府对辖区污染防治和生态保护实施统一监督管理，各有关部门各司其职，共同对环境保护工作负责；第二层次是对区域、流域的污染防治和生态保护进行统一的监督管理，主要表现在将环境规划纳入本地区、本流域的社会发展规划中，并实施监督，如实行环境保护目标责任制、实行城市环境综合整治定量考核等；第三个层次是环境保护部门对污染源进行的直接和间接的监督管理，如限期治理、“三同时”、排污收费和排污申报登记及排污许可证制度的实施等。这是环境监督管理的重要组成部分。

从理论上分析，以上三个层次的环境监督管理都含有现场监督检查的内容。因为只有深入现场，才能真正搞清有关环境法律、规章、制度的实际执行情况，了解管理相对人的实际环境行为。环境监察将现场监督检查工作统一起来，开展强有力的、高效的现场执法活动，有力地保证了环境监督管理职责的实现。因此，环境监察是环境监督管理中的重要组成部分。

三、环境监察的任务

（一）基本任务

1991 年 8 月 29 日，国家环保局颁布了《环境监理工作暂行办法》，其中规定：“环境监察的主要任务，是在各级人民政府环境保护部门领导下，依法对辖区内污染源排放污染物情况和对海洋及生态破坏事件实施现场监督、检查，并参与处理。”

这里把环境监察定位在现场，其核心就是日常现场监督执法。环境监察受环境保护行政主管部门的领导，与一般意义上的独立执法不同。此外，环境监察是在环境行政主管部门所管辖的区域内进行，通常情况下同级之间不能直接越区执法。

（二）职责

《环境监理工作暂行办法》明确了环境监察机构的具体职责，共有 12 条。

1. 贯彻国家和地方环境保护的有关法律、法规、政策和规章。

2. 依据主管环境保护部门的委托依法对辖区内单位或个人执行环境保护法规的情况进行现场监督、检查，并按规定进行处理。

3. 负责废水、废气、固体废物、噪声、放射性物质等超标排污费和排污水费的征收工作。

4. 负责排污费财务管理和排污费年度收支预、决算的编制以及排污费财务、统计报表的编报汇审工作。

5. 负责对海洋和生态破坏事件的调查，并参与处理。

6. 参与环境污染事故、纠纷的调查处理。

7. 参与污染治理项目年度计划的编制，负责该计划执行情况的监督检查。

8. 负责环境监察人员的业务培训，总结交流环境监察工作经验。

9. 承担主管或上级环境保护部门委托的其他任务。

国家环境保护总局在《关于进一步加强环境监理工作若干意见的通知》中，进一步拓展了环境监察机构的职责：

10. 核安全设施的监督检查。

11. 自然生态保护监察。

12. 农业生态环境监察。

综合以上职责，广大环境监察人员把监察工作的任务简化为“三查二调一收费”。即“三查”是对辖区内单位和个人执行环保法律法规的情况进行监督检查，对各项环境保护管理制度的执行情况进行监督检查，对海洋环境和生态保护情况进行监督检查。“二调”是调查污染事故和污染纠纷并参与处理，调查海洋和生态环境破坏情况并参与处理。“一收费”就是全面实施排污收费制度。

四、环境监察的类型

环境监察的类型，按时间的不同可分为事前监察、事中监察和事后监察；按环境监察的活动范围可分为一般监察与重点监察；按环境监察的目的可分为守法监察与执法监察。

（一）事前监察、事中监察与事后监察

事前监察是对环境监察对象某一行为完成之前所进行的环境监察，其目的是预防环境违法行为的发生或减轻这种违法行为所造成的损失。

事中监察即所谓的日常监理，是在环境监察对象实施某一行为的过程中进行的环境监察活动。其作用是通过随机检查，督促环境监察对象依法办事。其目的是及时发现并及时制止违法行为。

事后监察是指在环境违法行为发生后，依法对违法者所进行的调查、勘验、惩处活动。这种环境监察可以对已发生的问题进行补救处理，给其他违法者以警戒。

环境监察工作经过事前监察、事中监察和事后监察三个环节，步步设防，环环紧扣，对防范、制止违法行为的发生非常必要。其中，事前、事中两种环境监察是积极的、主动的；事后监察虽然属被动行为，但对于全面贯彻实施环境保护法律、法规，依法追究违法者的责任也是不可缺少的。我们应加强事前、事中监察活动，尽最大可能预防和避免环境违法行为的发生，把违法现象消灭在萌芽状态，确保环境保护目标的实现。

（二）一般监察与重点监察

一般监察，是指环境监察机构对所辖区域内各排污单位遵守法律、法规情况实行普遍的监督、检查，这种环境监察并不针对特定对象。

重点监察也可称为专门监察，是环境监察机构对特定的环境监察对象所进行的监督检查。这种环境监察一般分三种情况：一是在某一特殊时期如汛期，对特定的环境监察对象如重点污染源或有毒、有害污染物定期巡视抽查，防止污染事故的发生；二是根据群众的举报，对某排污单位进行督查，确定排放行为的合法性；三是对重点污染源进行环境监察。

（三）守法监察与执法监察

守法监察是对环境监察对象守法情况的监督检查，如污染防治设施的运转情况，排污申报登记的真实性等。如发现违法行为则包括对违法者实施行政制裁的过程在内。这种环境监察包括了事前、事中、事后三种环境监察活动。撇开时间性不论，这三种环境监察可统称为守法监察。

执法监察是环境监察机构对环境监察对象执行行政处罚的执法行为。如罚款的收缴、污染防治设施的恢复运行、对企业停产或关闭的执行、停止建设恢复原状的执行、吊销许可证的执行等。此类环境监察是环境保护行政主管部门严格执法的保证，是环境监察机构重要职责之一。

第二节　环境监测

环境监测是环境科学的一个重要分支，是在环境分析的基础上发展起来的一门学科。环境监测是运用各种分析、测试手段，对影响环境质量的代表值进行测定，取得反映环境质量或环境污染程度的各种数据的过程。环境监测的目的是运用监测数据表示环境质量受损程度，探讨污染的起因和变化趋势。因此，可以将环境监测比喻为环境保护工作的"耳目"。环境监测在人类防治环境污染，解决现存的或潜在的环境问题，改善生活环境和生态环境，协调人类和环境的关系，最终实现人类的可持续发展的活动中起着举足轻重的作用。

一、环境监测的目的

环境监测的目的是准确、及时、全面地反映环境质量现状及发展趋势，为环境管理、污染源控制、环境规划提供科学依据。具体归纳为：

（1）对污染物及其浓度（强度）做时间和空间方面的追踪，掌握污染物的来源、扩散、迁移、反应、转化，了解污染物对环境质量的影响程度，并在此基础上，对环境污染做出预测、预报和预防。

（2）了解和评价环境质量的过去、现在和将来，掌握其变化规律。

（3）收集环境背景数据、积累长期监测资料，为制订和修订各类环境标准、实施总量控制、目标管理提供依据。

（4）实施准确可靠的污染监测，为环境执法部门提供执法依据。

（5）在深入广泛开展环境监测的同时，结合环境状况的改变和监测理论及技术的发展，不断改革和更新监测方法与手段，为实现环境保护和可持续发展提供可靠的技术保障。

二、环境监测的分类

环境监测依据不同标准，可以划分成多种类型，按其目的和性质可分为三类。

（一）监视性监测（常规监测或例行监测）

监视性监测是监测工作的主体，是监测站第一位的工作。这类监测包括如下两个方面：

1. 污染源监测

其任务是监测污染物浓度、负荷总量、时空变化等，掌握污染状况及其发展趋势，为强化环境管理，贯彻落实有关标准、法规、制度等做好技术监督和提供技术支持。这是企业监测站的工作重点，其工作质量是环境监测水平的标志。

2. 环境质量监测

指对大气、水质、土壤、噪声等各项环境质量因素状况进行定时、定点的监测分析，以了解和掌握环境质量的状况和变化趋势，为环境管理和决策提供依据。

（二）特定目的的监测

为某一目的而进行的特定指标的监测，主要类型如下：

1. 污染事故监测

主要是确定紧急情况下发生的污染事故的污染程度、范围和影响等。

2. 仲裁监测

主要是为解决环保执法过程中发生的矛盾和纠纷，为有关部门处理污染问题提供公正的监测数据。

3. 考核验证监测

主要是指设施验收、环境评价、机构认可和应急性监督监测能力考核等监测工作。

4. 咨询服务监测主要是指为科研、生产等部门提供有关监测数据，为社会承担一些科研咨询工作等。

（三）研究性监测（科研监测）

研究性监测属于较复杂的高水平监测，需经周密计划、多学科协作共同完成，如开展污染物本底值调查、统一监测方法、研制标准物质等。

此外，按监测方法的原理，环境监测可分为化学监测、物理监测和生物监测；按污染物受体可分为大气监测、水体监测、土壤监测和生物监测；按污染性质可分为化学污染监测、物理污染（噪声、热、振动、放射性等）监测和生物污染（细菌、病毒等）监测。

三、环境监测的基本要素

在环境监测活动中，监测者（监测机构）、监测对象、监测数据是相互关联的基本要素。除此以外，监测方法和监测结果也是基本要素。因为没有正确的监测方法，就得不到正确的数据；而没有结论的监测活动，是无目的的监测活动，这种活动是没有意义的。

（一）监测机构

由于环境监测的效益是社会公益性的，而且直接应用于环境管理，与管理有密切关系，因而监测机构的设置既要能掌握环境质量的现状、规律及发展趋势，又要能满足管理部门的要求。建立的监测网络既具有收集、传输环境质量信息的功能，又具有组织管理的功能。

我国的监测网络的设置结合国情，采用分级管理、条块结合。国家、省、市、县以及大型企业依据掌握本地区环境质量状况的需要，规定各自的控制点位和数量。同时建立横向监测网络，如各水系、海洋、农业等部门环境监测协作网、污染源监测网等。

（二）监测对象

实际工作中，由于受各种条件的限制，要对监测项目进行必要的筛选，选出对解决现有问题最关键和最迫切的项目。选择监测对象时，应从以下三个方面考虑：

1. 对污染物的性质如化学活性、毒性、扩散性、持久性、生物分解性和积累性等做全面分析，从中选择影响面广、持续时间长、不易分解而使动植物发生病变的物质作为例行监测项目，对于特殊目的和情况，则根据需要选择所要监测的项目。

2. 对所要监测的项目必须有可靠的检测手段，并保证能获得有意义的监测结果。

3. 对监测所获得的数据，要有可比较的标准或能做出科学的解释，如果监测结果无标准可比，又不了解其对人体和动植物的影响，将使监测结果陷入盲目性。

（三）监测方法

环境监测的对象极为复杂，要得到满意的监测结果，实现既定监测目的，监测方法的选择极为重要。近年来环境监测方法发展的明显趋势是：

1. 布点优化

以最少的测点和测次获取最有代表性的数据。监测布点的优化研究是监测方法不断发展的重要标志。

2. 质量保证系统化

质量保证工作由限于实验室内部的质量控制向监测全过程发展，形成贯穿监测全过程的质量保证体系。

3. 分析方法标准化，分析技术连续自动化

目前有不少自动分析仪器已被正式定为标准的分析方法，如比色分析、离子选择电极、原子吸收光谱、气相色谱、液相色谱等自动分析方法及相应的仪器。

4. 多种方法和仪器联合化

多种方法和仪器联合使用日益增多，极大地提高了环境监测效率，如色谱—质谱—计算机联用，能快速测定挥发性有机污染物，用于废水监测分析，可检测 200 种以上的污染物。计算机的应用也日益深入环境监测的各个环节。

（四）监测数据

监测数据是环境监测工作的产品，并通过它来展示环境监测的重要作用。环境监测必须具备的基本特性是准确、精确、完善、可比、具有代表性。同时数据传输要快，要有流畅的数据、资料流通渠道、完善的监测网络、完整的数据报告制度、使用计算机管理是及时传输数据资料的基本保证。

监测数据的加工利用取决于加工方法的正确性和综合分析的科学性，加工方法主要涉及数理统计的内容。

（五）监测结果

一切监测活动的目的，都是为了取得监测结果。监测结果一般有两种形式：一是实测结果，主要是各种监测结果表格，如环境监测年鉴属于实测结果的汇编，年鉴中对监测数据只做分类、筛选、整理，并不做评价；二是评价结果，如各种环境质量报告，如月报、季报、环境质量报告书等。

第三节　环境预测

一、环境预测的概述

预测是指运用科学的方法对研究对象的未来行为与状态进行主观估计和推测。环境预测就是以人口预测为中心，以社会经济预测和科学技术预测为基础，对未来的环境发展趋势进行定性与定量相结合的轮廓描绘，并提出防止环境进一步恶化和改善环境的对策。

环境预测过程是在环境现状调查与评价和科学实验的基础上，结合社会经济发展状况，对环境的发展趋势进行的科学分析。环境预测是环境规划科学决策的基础；预测—规划—决策所形成的完整体系，是整个环境规划工作的核心。

预测的主要目的是了解环境的发展趋势，指出影响未来环境质量的主要因素，寻求改善环境和环境与经济社会协调发展的途径。

区域和城市环境预测一般要求有三类：警告型预测（趋势预测）、目标导向型（理想型）预测和规划协调型预测（对策性预测）。

趋势发展警告型预测是指在人口和经济按历史发展趋势增长、环保投资、防治管理水平、技术手段和装备力量均维持目前水平的前提下，未来环境的可能状况，其目的是提供环境质量的下限值。

目标导向型预测是指人们主观愿望想达到的水平，目的是提供环境质量的上限值。发展规划型预测是指通过一定手段，使环境与经济协调发展所可能达到的环境状况。这是预测的主要类型，也是规划决策的主要依据。

二、环境预测的主要内容

（一）社会发展和经济发展预测

经济社会发展是环境预测的基本依据。社会发展预测的重点是人口预测，其他要素因时因地确定。经济发展预测要注意经济社会与环境各系统之间和系统内部的相互联系和变化规律。重点是能源消耗预测、国民生产总值预测、工业总产值预测，同时对经济布局与结构、交通和其他重大经济建设项目做必要的预测与分析。

（二）环境污染预测

参照环境规划指标体系的要求选择预测内容，污染物宏观总量预测的重点是确定合理的排污系数（如单位产品和万元工业产值排污量）和弹性系数（如工业废水排放量与工业产值的弹性系数）；环境质量预测的要点是确定排放源与汇之间的输入响应关系。预测的项目和预测的深度还可以根据规划区具体情况和规划目标的选定，如重大工程建设的环境效益或影响，土地利用，自然保护，区域生态环境趋势分析，科技进步及环保效益预测，等。

三、环境预测的程序

环境预测是一项多层次的活动，各层次之间的预测任务既有区别，又有联系。环境预测是在综合分析社会经济发展规划的基础上，预测出规划区废水、废气、废渣和各种污染物排放总量和环境变化趋势。

环境预测要具体问题具体分析。由于环境预测涉及面十分广泛，一般可分为宏观和中观两个层次。

宏观预测，需要从宏观角度去预测整个规划区域（或城市）的经济、社会发展所产生的环境影响。这种预测为宏观决策服务，要考虑到所涉及的各领域（环境、经济、社会大系统）。

中观预测，以小区（如功能区）或河段、水源地等为预测单元，其预测结果是宏观预测的基本依据，也是小区规划编制、实施和管理的基本依据。

污染物总量控制预测是环境污染预测的基础，它为环境污染预测提供背景资料。在预测过程中要突出重点，即抓住那些对未来环境发展动态最重要的影响因素。这不仅可大大减少工作量，而且可增加预测的准确性。

第四节　环境标准

一、环境标准的基本概念

环境标准最早出现于20世纪60年代，国际标准化组织（ISO）在1972年开始制定基础标准和方法标准，以统一各国环境保护工作中的名词、术语、单位以及取样和监测分析方法等。环境标准是国家环境保护法律、法规体系的重要组成部分，是环境保护目标的定量化体现，是开展环境管理工作最基本、最直接、最具体的法律依据，也是衡量环境管理工作最简单、最明了、最准确的量化标准。离开了环境标准，环境监督管理将无所适从和寸步难行。

环境标准是有关污染防治、生态保护和管理技术规范标准的总称，有关环境标准的定义有很多。亚洲开发银行从环境资源价值角度给环境标准下的定义为：环境标准是为了维持环境资源价值，对某种物质或参量设置的允许极限含量。在环境资源概念下，环境标准可适用的范围很广，可分为水资源环境标准、土壤资源环境标准、大气资源环境标准和森林资源环境标准等。

在我国，环境标准除了各种指数和基准之外，还包括与环境监测、评价以及制定标准和法制有关的基础和方法的统一规定。《中华人民共和国环境保护标准管理办法》中对环境标准的定义为：环境标准是为了保护人群健康、社会物质财富和维持生态平衡，对大气、水、土壤等环境质量、对污染源的监测方法以及其他需要所制定的标准。

环境标准是一种法规性的技术指标和准则，是环境保护法制系统的一个组成部分。根据《中华人民共和国环境标准管理办法》，我国环境保护标准分为 3 大类 6 小类，即环境质量标准、污染物排放标准和环境保护基础和方法标准，形成了以国家环境质量标准、国家污染物排放（控制）标准为主体，国家环境监测方法标准、国家环境标准样品标准、国家环境基础标准和国家环境保护行业标准相配套组成的环境标准体系。随着经济技术的发展和进步，环境保护工作不断深化的需要，出现了越来越多的环境标准，如各种行业排放标准，各种分析、测定方法标准和技术导则，其他还有部级颁发的标准，如卫生部颁发的各种卫生标准和检验方法标准，在区域规划和环评过程中，某些项目没有标准的情况下，允许使用推荐的标准。

同时，环境标准又划分为国家环境标准和地方环境标准两级。我国的地方标准是省、自治区、直辖市级的地方标准。国家标准具有全国范围的共性或针对普遍的和具有深远影响的重要事物，它具有战略性的意义。而地方标准和行业标准带有区域性和行业特殊性，它们是对国家标准的补充和具体化。1973 年我国诞生了第一部综合性环境标准——《工作“三废”排放试行标准》。到 2000 年 5 月 31 日环境标准共计 431 项，其中国家环境标准 364 项，国家环境保护总局标准 67 项。截至 2002 年我国已制定环境标准 477 项。截至

2005年1月1日，共486项现行环境标准。其中，国家标准（GB、GBPT和2项环发）357项，环保行业标准（HJ、HJPT）129项；强制性标准117项，推荐性标准369项。

二、环境标准制定的原则

制定环境标准时，一般应遵循以下原则：

（1）保障人体健康是制定环境质量标准的首要原则。因此在制定标准时首先需研究多种污染物浓度对人体、生物、建筑等的影响，制定出环境基准。

（2）制定环境标准，要综合考虑社会、经济、环境三方面效益的统一。具体来说就是既要考虑治理污染的投入，又要考虑治理污染可能减少的经济损失，还要考虑环境的承载能力和社会的承受力。

（3）制定环境标准，要综合考虑各种类型的资源管理，各地的区域经济发展规划和环境规划的要求和目标，贯彻高功能区用高标准保护、低功能区用低标准保护的原则。

（4）环境标准既要保持相对的稳定性，又要在实践中不断总结经验，根据社会经济的发展和科学技术水平的提高，及时进行合理修订。

（5）制定环境标准，要和国内其他标准和规定相协调，还要和国际上的有关协定和规定相协调。

制定环境标准需要一系列的基础数据和参考资料，主要有：

①与生态环境和人类健康有关的各种环境基准值；②环境质量的目前状况、污染物的背景值和长期的环境规划目标；③当前国内外各种污染物处理技术水平；④国家的财力水平和社会承受能力，污染物处理成本和污染物造成的资源经济损失等；⑤国际上有关环境的协定和规定，其他国家的基准/标准值；国内其他部门的环境标

准（如卫生标准、劳保规定）。

三、中国环境标准的特征

1. 能够通过具有普及力和约束力的规范性文件的规定将环境标准予以强制化和普遍约束化

虽然国家机关制定的环境标准里很多标准只是具有指导或者建议的性质，而不强求行政相对人遵守，但是通常情况下对于没有达到最低标准要求的行为，国家机关便会根据环境标准程序法的有关规定给予一定的处罚，这就使得我国的环境标准具有了一定意义上的约束力。由于环境标准是国家机关制定并在本行政区域内实施的，其具有的普遍性也是显而易见的。

2. 它是由具有一定行政职权的国家机关或者组织制定并实施的

在我国，国家层面的环境标准一般由国家环境保护部制定并组织实施，地方各级环保行政主管机关也可以根据自己辖区内的实际情况制定并实施更加严格的环境标准。

3. 所规范的行为的特定性决定了环境标准的技术性特征

我国环境标准的制定主要是为了减少工业、生活污染物对环境的负面影响，这就要求在制定标准的过程中要综合考虑各项污染物浓度、质量、强度、影响范围等因素。这也就要求制定和实施环境标准的人员应具备相应的专业知识，以配合技术性环境标准的实施。

4. 依照法定的程序制定并实施

环境标准属于环境行政规章，它的制定本质上是行政立法行为，应当以《中华人民共和国环境保护法》和环境污染防治单行法为基本依据，严格按照环境行政规章制定的程序进行。

第五节 环境审计

一、环境审计概述

随着人们对自然资源及环境问题的日益关注，世界各国“绿色浪潮”逐渐兴起。“绿色”一词已成为有关环境问题的代名词并深入人心。人们在追求“绿色”及经济可持续发展的过程中发现，传统的会计核算有许多不足，未能将资源环境纳入会计成本核算中，不能如实披露资源、环境状况及环境经济责任问题。为弥补其不足，从而产生了环境会计（又称绿色会计）。为了对环境会计真实性、合法性的监督审计需要，适应全球经济可持续发展，于是以披露自然资源、环境信息真实性为主的“绿色审计”——环境审计就应运而生了。这是环境审计产生的社会经济根源。国外许多学术会议都进行了专门介绍和讨论，美国、英国、加拿大、荷兰、挪威和芬兰等国已经开始实施环境审计，对排污企业排放污染物的性质、污染程度以及清污费用或环境污染风险做出评估，并制定环境审计标准作为具体操作规范。

1989 年巴黎国际商会给环境审计所作的定义是：“环境审计是一种管理方法，是对特定项目的环保组织、环境管理和设备运转状况进行系统的、有文字记录的、定期的客观评定，通过审计促使环保设施更好地发挥效用，同时也对项目主体符合国家和地方环保法规要求的程度做出评价。”

国际商会在专题报告中对环境审计的概念做了陈述，并得到了普遍的认同：“环境审计”是一种管理工具，它用于对环境组织、环境管理和仪器设备是否发挥作用进行系统的、文化的、定期的和客观的评价，其目的在于通过以下两个方面来帮助保护环境：第一，简化环境活动的管理；第二，评定公司政策与环境要求的一致性，公司政策要满足环境管理的要求。

鉴于以上两种观点，大多数学者认为：环境审计是指审计机构接受政府授权或其他有关机关的委托，依据国家的方针、政策、环保法规和财经法规，对排放或超标排放污染物的企事业单位的污染状况和治理情况、污染治理专项资金的使用情况等环境经济活动进行审查、核算，收集必要的证据资料表示公正意见，并向授权人或委托人提交审计报告和建议的一种活动。环境审计的主体，通常包括国家审计机关和民间审计机构两种，前者是政府下属的职能部门，它经过政府授权，对排污单位进行环境审计；后者是一种社会性的民间审计机构，它可接受环保主管部门、审判机关及产品进出口审批机关等有关部门的委托，从事一些特定目的的审计工作。环境审计的对象，主要包括排放（对水体而言）或超标排放污染物的一切企业、事业单位，可应用于各种层次和范围，甚至是针对某一特定污染问题。

环境审计与传统审计的区别为：针对突出自然资源、环境问题的“环境会计”真实性、合法性的监督；披露“环境会计”自然资源、环境计量合法性及其环境效益真实性的鉴证审计；集资源、环境信息披露及环境效益鉴证业务为一体的特殊目的审计。将自然资源、环境保护纳入审计范围，对传统审计进行的“绿化”，已成为审计界对可持续发展的又一重大贡献。目前西方各国审计理论界对环境审计的探索方兴未艾，如美国、英国、加拿大等二十多个国家，都在广泛实行环境会计的同时实施开展了环境审计的工作。目前，环境审计理论研究及实务已成为全世界审计学术的中心议题。

由于我国环境治理起步较晚，环境审计的开展也较迟，所以直到1999年，环境审计才作为我国审计理论的研究重点，但目前仍缺少系统的环境审计理论阐述，宣传方面也做得很不够。目前我国环境审计仅限于理论探讨的初级阶段，我国环境审计实务及理论研究状况已远远落后于西方各国。从20世纪70年代开始，我国在发展经济的同时已十分关注资源环境问题，为防止空气污染、森林、土地资源破坏，国家颁布了一批环境保护和资源管理的法律、法规，为在我国开展披露环境信息的环境审计工作奠定了良好的法律理论基础，但环境审计理论研究及实务严重滞后，因种种原因一直未开展。改革开放后，由于有关"绿色会计"的理论研究工作在我国悄然兴起，才有不少专家学者就环境审计问题，在有关报刊上发表了一些具有前瞻性的理论探讨文章。

国家审计署针对我国"绿色会计"研究的兴起，为促使环境审计在我国逐步展开做了大量工作。尤其是1998年审计署组织有关人员编写《环境审计》实务丛书以来，开创了我国"环境审计"的新局面。虽然我国开展"环境审计"的时间不长，但由于近十年来逐步拓宽了对环境信息的审计范围，国家审计署开展了包括工业、农业、渔业、林业对环境影响的审计评价。还包括可持续发展的有关领域，并着重开展了环保专项资金审计等，如基建项目防治污染"三同时"、环境投资、排污费、污染治理费等"环境审计"实务工作都取得了一定成效。

但是，我国环境审计尚处在理论探讨的初级阶段，与世界环境审计研究与审计实践差距还很大。目前进行的与环境相关的审计主要是合规性审计，即主要鉴证企业的经济活动是否遵守了现有的环境保护法律和地方颁布的环保法规，如污染物的排放是否超过了规定标准，是否按照规定的要求及时上交了各种费用等。而对国务院所属的环保部门及其他有关部门、地方政府管理的环境保护专项资金进行审计监督、对国家在国际履约方面进行审计监督、对政府环境政策进行审查监督等内容，基本上是空白的。环境审计的作用主要是限于消极的防范，远未起到环境审计应有的制约和促进作用。尤其是加入世贸组织与世界经济接轨，如何防止国际贸易“绿色壁垒”，开展对股份上市公司进行有关自然资源、环境披露的环境审计工作，实行会计师事务所“绿化”问题亟待解决。我国环境审计理论研究及实务远远落后于国外的现状，急需国家有关部门重视此项工作的开展。

二、我国环境审计的内容

1. 环境政策法规执行审计

指各级政府及部门对环境政策法规的执行和有效性审计。这项审计属于合规审计和绩效审计的范畴。

2. 环保资金的筹集、管理和使用审计

审查环保资金筹集、管理和使用的合法性和效益性，是我国环境审计的重点，基本属于财务审计。

3. 环境管理系统审计

通过获取证据判断一个组织的环境管理系统是否符合国际标准所规定的环境管理系统审核准则。包括内部审计和外部审计。

4. 环境报告审计

对企业在现有财务报表框架内报告的环境问题的财务影响以及单独对外公布的环境绩效报告进行审计鉴证。

5. 环保投资项目审计

对环保投资项目从决策、实施到竣工等各个阶段进行合规性和效益性的审计，以提高环保资金的使用效率。

6. 建设项目的环境审计

结合建设项目环境管理制度，对建设项目执行环保法规制度的合规性和效益性进行审查。

第八章　城市和农村的环境管理实践

城市和农村是人类主要的居住群，这里的环境关系到人类的身心健康以及日常生活的质量，自然受到了人们的普遍关注。本章主要讨论城市和农村的环境管理的实践。

第一节 城市环境管理实践

一、原则

城市环境管理由三个要素组成，即城市、环境和管理。

第一个要素是城市。“城市”意味着人类活动的密度大，城市就其规模可以从小城镇到千万人口的特大城市，准确地规定一个城市的规模是没有意义的。但是，正如我们在前面提到的，城市和其周边环境密切相关。因此，城市和周围的环境是研究的一个主要课题。

第二个要素是环境。我们可以把环境定义为“社会的物质——生物和生物——氛围”，我们还讨论了环境科学的其他要素。在前面讨论的基础上，一方面，我们要考虑位于城市里的环境；另一方面，我们还得考虑在一个大的生态系统中的城市的功能。虽然城市环境管理主要考虑的是城市的物质环境，但为了实现可持续发展，我们还要考虑经济环境和社会环境，这就表明，城市可持续发展面临多学科的挑战：我们需要和其他科学家通力合作，如城市经济学家、城市社会学家等。

第三个要素是管理。这就意味着政策的开发和实施。首先，我们应该考虑做什么？在这点上，我们可以将城市环境管理的基本目标定为提高生活条件的质量，包括人类健康、生活环境和福利等，或者把城市环境管理的目标定义为支持和鼓励城市可持续发展。事实上，实现这一目标的特定政策和措施在很大程度上取决于当地的条件和当地的决策者。城市环境管理者的职责是帮助确定问题、提出可供选择的政策方案以及制订可能的解决问题的措施。因此，城市环境管理的一个重要的内容就是："如何去做"，或者，帮助当地行为者分析、决策和合作：参与式决策和实施。因此，城市环境管理者是一个过程管理者，有许多工具可以帮助城市环境管理者实现这一过程管理，如地方 21 世纪议程、环境规划与管理、战略环境评价、环境影响评价、条约、公私伙伴（PPP）、环境法律、通讯技术、财政措施、国际标准化组织（ISO）、标准、生态标签等。

城市环境管理的对象—城市及其他的环境—是非常复杂的，在这一领域的问题非常多，但应该相信，城市环境质量是可以管理的，有很多方式和方法可以正面影响城市环境。

作为一个专业领域，城市环境管理还刚刚起步，作为一门学科，其理论和方法还很不成熟，但发展较快。正如我们以前提到的，城市环境管理是城市管理的一部分，它是一个多学科的领域，由于其研究的复杂性，其广度比深度更为重要。这就是说，城市环境管理者应该具备多门学科的基础知识，以有利于和多学科的专家交流，如生态学家、卫生工程师、建筑师、环境法律专家，以及城市财政人员等，并知道什么时候、什么样的专家应该介入城市环境管理。

正如我们以前提到的，地方政府是城市环境管理的主要负责人，然而，地区和中央政府在地方环境管理中也起着非常重要的作用。城市环境管理的另外一个责任者是私有企业，他们对地方政府的影响越来越大，同样，城市共用事业部门，社区组织以及居民、非政府组织、大学、媒体等也起着十分重要的作用，城市环境管理的任务就是按所有这些机构和个人积极参与到城市可持续发展之中。

二、城市环境管理方法

无论是城市环境问题的致因分析还是城市可持续发展能力辨识，其结论都与城市社会经济活动方式及效果息息相关。可以说，这种城市社会经济活动是具有双面性的。一方面，不正确的活动方式或过度的活动规模都将引起严重的生态环境危机，从而产生各种类型的城市问题；另一方面，有秩序的、在一定约束条件下的活动又是形成或保障城市可持续发展能力，并最终用以完成城市社会经济环境协调发展的主要动力来源。因此，最大限度地优化城市社会经济活动，或者说正确管理城市人类活动，是实现城市可持续发展的有效途径，而这都需要通过有针对性并且有效率的城市环境管理方法来实现。

（一）环境管理的经济方法

美国的布兰德把环境管理的经济方法定义为“为改善环境而向污染者自发的和非强迫的行为提供金钱刺激的方法”。一般来说，环境管理的经济方法是指管理者依据国家的环境经济政策和环境法规，运用价格、成本、利润、信贷、税收、收费和罚款等经济杠杆来调节各方面的利益关系，规范人们的宏观经济行为，培育环保市场以实现环境和经济协调发展的方法，主要包括庇古手段和科斯手段。

经济方法的优越性主要表现在以下几方面：

①经济方法可以通过允许污染者自己决定采用最合适的方法来达到规定的标准，或使其保护环境的边际成本等于排污收费水平，从而产生显著的成本节约。

②经济方法可以为有关当事人提供持续的刺激作用，使污染减少到所规定的标准之下。同时，通过资助研究与开发活动，经济方法还可以促进新的污染控制技术、低污染的生产工艺以及新的低污染和无污染的产品开发等。

③经济方法可以为政府和污染者提供管理上和政策执行上的灵活性。对政府机构来说，修改和调整一种收费总比修改一项法律或规章制度更加容易和快捷；对于污染者来说，可以根据有关的收费情况来进行相应的预算，在此基础上做出相应的行为选择。

④经济方法可以为政府提供一定的财政收入，这些收入既可以直接用于环境和资源保护，也可以纳入政府的一般财政预算中。

（二）环境管理的非经济方法

非经济方法相对于经济方法而言，没有利用价值规律的调节作用，而是政府部门以法规条例或行政命令的形式直接或间接限制污染物排放，或通过运用技术和加强宣传教育达到改善环境的目的。

1. 管制方法

（1）法律手段

环境管理法律手段是指管理者代表国家和政府，依据国家环境法律法规所赋予的权力，并受国家强制力保证实施的对人们的行为进行管理以保护环境的方法。法律手段是环境管理的一种基本方法，是其他方法的保障和支撑。环境法因各个国家的国情不同而各具特色，但就各国环境法的目的、任务和功能来看，却具有相似性，即都兼顾社会、环境、经济效益等多个目标，强调在保护和改善环境资源的基础上，保护人体健康和保障社会经济的可持续发展。目前，我国已形成了由国家宪法、环境保护法、环境保护单行法和环境保护相关法等法律法规组成的环境保护法律体系。国外的环境法律法规体系更为完善，国际的环境立法也在不断加强。

（2）行政手段

环境管理行政方法是指在国家法律监督之下，各级环保行政管理机构运用国家和地方政府授予的行政权限开展环境管理的方法。主要包括环境管理部门定期或不定期地向同级政府机关报告本地区的环保工作情况，对贯彻国家有关环保方针、政策提出具体意见和建议；组织制定国家和地方的环境保护政策、环境规划和工作计划；运用行政权力对某些区域采取特定措施，如划为自然保护区、重点污染防治区、环境保护特区等；对一些污染严重的企业要求限期治理，甚至勒令其关、停、并、转、迁；对易产生污染的工程设施和项目采取行政制约，如审批开发、建设项目的环境影响评价报告书，审批新建、扩建、改建项目的“三同时”设计方案，审批有毒化学品的生产、进口和使用，管理珍稀动植物物种及其产品的出口、贸易事宜；等。

管制型方法在环境管理中起着重要的保障和支持作用，国内外都很重视其应用。各国通过制定和执行法律法规、部门规章制度、行政命令、环境标准等方法来达到保护环境的目的。

2. 其他方法

（1）技术手段

环境管理技术方法是指管理者为实现环境保护目标所采取的各种技术措施，主要包括环境预测、环境评价、环境决策分析等宏观管理技术和环境工程、污染预测、环境监测等微观管理技术。制定环境质量标准和环境政策、组织开展环境影响评价、编写环境质量报告书、总结推广防治污染的先进经验、开展国际间的交流合作等，都涉及很多科学技术问题。没有先进的科学技术，不仅发现不了环境问题，即使发现了也难以控制环境污染。

（2）宣教手段

环境宣传教育方法指开展各种形式的环境保护宣传教育，以增强人们的自我环境保护意识和环境保护专业知识的方法。通过广播、电视、电影及各种文化形式广泛宣传，使公众了解环境保护的重要意义，激发他们保护环境的热情和积极性，把保护环境、保护大自然变成自觉行动，形成强大的社会舆论和激发公众参与的氛围。具体说，环境教育又包括专业环境教育、基础环境教育、公众环境教育和成人环境教育。在经济发达国家，这四种环境教育的优先顺序为：公众环境教育、基础环境教育、成人环境教育、专业环境教育。而在中国这样的经济相对落后的发展中国家，专业环境教育排在首位，其他三种则相对靠后。

（3）信息手段

环境管理的信息手段主要是以环境信息公开的方式实现的。环境信息公开指通过社区和公众的舆论，使环境行为主体产生改善其环境行为的压力，从而达到环境保护的目的。环境信息公开能够有效地加强环境管理的公众参与和监督，促进政府重视环境质量的改善，促使污染者加强污染防治、改善其环境行为。

根据公开的媒体不同，可将环境信息公开分为报纸、广播、电视、网站等；根据公开的内容不同，可分为环境质量公开、环境行为公开等；根据公开的对象不同，可以分为政府环境信息公开和企业环境信息公开等。企业环境信息公开，有利于环境行为良好的企业在公众中树立良好的形象，获得社会的赞誉和市场的回报；而对环境行为差的企业就会形成一种强大的压力，从而迫使企业加强环境管理、提高污染治理水平、改善环境行为。在亚洲和拉丁美洲，当政府公布公司环境表现为良好时，这些公司的市场价值上升超过20%，环境表现不好的公司的市场价值则会减少4%~15%。

许多环境管理制度的有效实施与信息是否公开密切相关。因此，除了继续加强企业环境信息公开外，还可以把信息公开应用到各种环境管理制度中，如环境影响评价制度、排污申报登记制度、城市环境综合整治定量考核制度、环境污染限期治理制度、环境保护现场检查制度、环境污染及破坏事故报告制度、环境保护举报制度、环境监理政务公开制度、环境标志制度中的信息公开。

三、欧盟的城市交通环境管理

（一）欧盟国家交通系统的环境表现

城市空气质量显著改善的原因是交通系统污染物排放的减少。随着新近欧盟指令，以及欧洲2号燃油标准的实施，这一趋势还将继续。但是，许多人，尤其是城市居民，仍然暴露于高污染环境中。近几年，70%的欧盟城市人口仍然处于PM 10超标环境下，NO_x超标20%，苯超标15%。世界卫生组织进行的研究证实，上述污染超标环境与大量儿童过早死亡，慢性支气管炎新病例（成人和儿童）以及哮喘病例有关。

交通系统的温室气体排放主要来自道路和航空交通的二氧化碳（CO_2），不断增长的温室气体排放使欧盟能否达到《京都议定书》规定的目标蒙上了阴影。20世纪末期，科学技术已经成功地把交通系统酸化物质，以及对流层臭氧前体物质排放分别降低了20%和25%。此外，需要减少非甲烷挥发性化合物（NMVOC）和氮氧化物（NO_x）排放，以达到UNECE《哥德堡议定书》和欧盟2010年排放限制共同目标的要求。

近几年，交通部门酸化物质和对流层臭氧前体物质的排放分别下降了 20% 和 25%，道路交通的 NMVOCs 和 NO_x 排放分别下降了 33% 和 21%。这应归功于新生产的汽油发动机汽车上催化器的使用，以及柴油车辆排放更为严格的限制规定所导致的排放减少技术的应用。

特定空气污染物排放减少的另一个重要原因为燃料组合的改进。

根据推定，现有的和已通过审议的政策和措施的实施使 1990 年至 2010 年间的道路交通 NO_x 排放降低 66%，挥发有机化合物（VOC）排放降低 77%。

但是，道路交通仍然排放超过一半的对流层臭氧前体物，以及超过 20% 的酸化物质。这还需要所有部门进一步降低排放，以达到欧洲委员会 1999 国家排放限制指令性提案的要求。

国际运输所导致的排放并不包含于国家排放范畴内，但是据估算，1999 年，欧洲水路运输产生了欧盟 15 国全部二氧化硫（SO_2）排放的 24%，以及 NO_x 排放的 22%。欧盟控制船舶排放的地方性行动通过因地制宜的鼓励性计划，以及在某些情况下的监管工具而获得法律上的通过。

（二）汽车废弃物回收利用

欧盟废弃物战略所确定的目标为：在 2006 年和 2015 年分别重新使用或回收利用 80% 和 85% 的报废汽车废弃物。至于废弃物回收，2006 年回收利用率 85%，2015 年后，则达到了 95% 左右。

寿命终止汽车（EOLV）的数量继续上升，但是相关数据并不准确，也不符合实际。据统计，欧盟国家报废汽车的数量从 1995 年的 1 130 万辆增长到 2015 年的 1 700 万辆。

1998 年全年，欧盟国家报废轮胎数量达到 24 万 t，这一数字还会继续增长。填埋处理比例从 1993 年的 62% 下降到 1999 年的大约

39%，而同期循环使用的比例却从 6% 提高到 18%。

欧盟填埋指令从 2006 年起对禁止报废轮胎填埋，从 2003 年起，禁止完整报废轮胎的填埋。此指令以及废弃物燃烧排放指令导致对新建报废轮胎处理和回收利用设施的投资大大增加。应利用此类设施的有关信息，对其与其他处理方式的有效性进行比较。

本文列出的废弃物指标并不完整，并未反映其他运输形式产生的废弃物情况，以及车辆和基础设施生产、建设，以及运营过程产生的废弃物情况。需要进行更多的理论研究和数据收集工作。

（三）综合运输系统管理

大多数有关交通基础设施的决定都是针对交通瓶颈问题而做出的。这种反应式的研究方法对道路设施的发展有利。从 1980 年起，交通总投资中的份额分配几乎没有改变，近几年，道路和铁路投资的份额分别达到 62% 和 28%，占总投资的大部。

跨欧洲运输系统（TEN）的发展致力于提高跨种类水平，以及混合（高速）铁路和内河航运的发展。但是，TEN 的投资仍然偏向道路建设。鼓励自行车和公共交通的城市，以及更远距离高速铁路的发展，都向我们展示着美好的前景。

用于推进城市水平的替代交通模式发展的投资仍然徘徊在低水平，但是出现了一些有利因素。欧盟国家在城市铁路上的投资保持在较高程度。同时，越来越多的人开始注意自行车道和公共交通的发展。例如，意大利留出国家预算的很大一部分以推动自行车道的建设，德国交通部用在与国道平行的自行车道上的建设投资也不断增长。

欧盟正在努力改善用于大型基础设施项目发展，尤其是 TEN 发展的投资模式。TEN 总投资的 60% 用于铁路发展，30% 用于公路发展，大部分铁路投资都将用于高速铁路建设。但是，欧盟和国际银行的投资并没有反映实际交通形式的份额。

（四）收费和税收政策

收费和税收是促进交通行业外部费用国际化的基本（但非唯一）政策工具。多数成员国都在考虑调整交通税收和收费结构，将其与外部成本区分开来。但是，还没有确认最为有效的税收和收费水平。

目前，内部化措施主要集中在公路空气污染和航空噪声污染上。几乎没有采取任何措施把交通阻塞成本内部化（某些航空和铁路收费，以及某些城市停车费属于例外）。在大多数城市地区，外部成本的内部化仍然非常不完善。

欧盟的有关数据显示，汽车交通的价格的提高比铁路和公共交通慢。在过去几十年，荷兰所有形式的公路货运交通的价格变得越来越低。卡车交通以其快速，以及运输货物时的灵活性而获得了很大的市场份额。

虽然大多数欧盟成员国都在建立国际化解决途径，但其实施仍旧面临障碍。国际化实施面临许多障碍，外部边际成本的估算也非常复杂。国际研究给出了不同的估算结果，这部分采用了不同的估算方法以及估价工具。任何致力于把运输价格提高到社会边际成本的政策工具都应具有足够的灵活性，以符合地域、时间和车辆性能方面的差异。

最后，政府可能会有其他经济和社会目标，在某些情况下，这些目标可能并不有利于国际化原则的全面和一致履行。例如，在某些情况下，把运输价格定为与社会边际成本相同（可能更高）将导致移动性很低的低收入群体和个人沉重的负担。

为制订合理的价格，可以使用几个调整工具，如燃料税、里程收费制度、停车费和车辆税。此外，也可采用与环境有关的补贴（以推进清洁技术的发展），以及可交易污染许可证（这方面的实际应用还很少）。一般认为，把固定税收和费用（如年度车辆税或公路年度使用税）转为可变税收和费用（如过路费、燃料税、公路里程收费）是最为有效的推进环保工作的方法。

许多国家业已采用了差异性税收制度。差异性税收主要出现在公路交通和航空交通领域，用于空气污染和噪声控制。例如，低硫燃料的低税率，随不同车辆类型（如与排放标准的符合程度）而缴纳不同的车辆购置税，以及机场的噪声附加费。CO_2 排放税和交通阻塞费则很少出现。

当前燃料价格的走势并不鼓励节省燃料的驾驶方式，但是差异性税收将推动清洁燃料的使用。例如，扣除通货膨胀因素，2000 年末，欧洲平均公路燃料价格低于 1980 年上半年价格。因而，燃料消费受到燃料低价格的鼓励。

所有欧盟成员国均实行了交通燃料货物税。由于燃料消费和 CO_2 排放之间存在直接关系，货物税将促进 CO_2 排放外部成本的国际化进程。但是，货物税不能进行差异性调整，以反映不同车辆类型或使用特点（例如，车辆排放级别，城市 / 乡村和高峰时间 / 非高峰时间行驶）。

但是，燃料税能够进行差异性调整，以促进清洁燃料，如无铅汽油或低硫柴油的发展。这一举措将帮助减少 NO_x、PM10、CO_2 的排放。

四、城市垃圾分类方法

（一）深圳的城市垃圾分类

深圳市环境卫生管理处负责管理、处置的城市垃圾包括两大部分：城市生活垃圾和普通工业垃圾。

城市生活垃圾是指城市区域内产生的生活垃圾。按产生源的不同，可分为家居生活垃圾、清扫垃圾、商业垃圾、工业单位垃圾、事业单位垃圾和交通运输垃圾等六部分。医院（医疗）及建筑垃圾不在其中。普通工业垃圾是指进入公共清运系统的，或允许与生活垃圾混合收运处理的服装棉纺类、皮革类、塑料橡胶类等一般工业废弃物，而化学废物和有毒有害废物不包括在内。

（二）香港的城市垃圾分类

在香港环境保护署的统计资料中，城市固体废物包括了“都市固体废物”、拆建废物、化学废物和特殊废物等四大类。

其中，“都市固体废物”包括来自住宅及工商业活动所产生的固体废物，即家居生活垃圾、商业废物及一般工业废物（拆建废物、化学废物及特殊废物不包括在内）。这一部分与深圳市的城市垃圾相类似。一般工业废物，即普通工业废物，是指工业活动中产生的，除化学废物、特殊废物、建筑废物或废墟残骸以外的废物。

（三）新加坡的城市垃圾分类

与香港类似，新加坡根据垃圾的产生源及其性质，将城市垃圾分成了三大类：家居生活垃圾（来源于家庭、菜市场、食品店，以及旅馆、饭店、商店等商业性建筑物），一般工业废物（不包括需要特殊处理、处置的有毒有害的废物）和社会公共机构或活动（如政府和法律机构、医院、学校、娱乐场所、公共发展事业等）产生的垃圾（institutional refuse）。

按照垃圾热值大小或可燃与否，还可以分为可燃性和不可燃性垃圾或废物，进行分别处置；按照垃圾的回用、再生价值和毒性的大小，又将城市垃圾分为可回收、不可回收以及有害垃圾，以便于垃圾的分类收集。

（四）日本的城市垃圾分类

在日本，城市垃圾大致可分为四大类型：可燃垃圾、不燃垃圾、资源垃圾及大型垃圾。

一般垃圾或可燃垃圾，即可以焚烧的垃圾。主要包括厨房垃圾、草木、纸尿裤等。

特殊垃圾或不燃垃圾，指的是不能或不宜焚烧的垃圾。主要包括塑料制品、玻璃、陶瓷器、干电池、橡胶制品及小型金属制品（手表、照相机等）。

资源垃圾，包括纸张、空瓶、空罐等。空罐，指饮料、调料、日用品等体积小于一斗罐的金属制空罐；空瓶，指饮料、调料、日用品等体积小于一升瓶的玻璃制空瓶。

大型垃圾，包括自行车、电冰箱、电视机、毛毯、吸尘器、石油炉、衣柜等大宗物件。此类垃圾一个月收一次，一个家庭一次限5件以内。

第二节 农村环境管理实践

农业和农村经济发展中生态环境问题日益突出，使农业和农村经济可持续发展受到严重影响。农村生态环境出现的问题，是人类的生产和生活活动作用于农村生态环境，在渐进的过程中农村生态环境受到破坏、污染，反过来影响人类生产和生活的问题。我国正处于经济快速增长时期，提高农村社会生产力和广大农村人民生活水平是当前的头等大事。同时，我们又面临着相当大的问题和困难，如人口多、人均占有资源不足，资源利用率低，粗放生产经营，不合理利用自然资源以及资源浪费，生态破坏和环境污染，给农村经济和农业发展带来了巨大的压力。

一、德国政府与乡镇企业的协商合作机制

德国政府与企业在环境保护方面实施的是一种协商合作机制。这既是一种管理中的决策机制，也是一种实施过程中的争端解决机制。

德国政府为环境管理决策利益相关方参与政府决策提供保障，为企业、公众、环保非政府组织等利害相关主体提供争取自身合法权益、了解德国政府意图的机会和渠道，也使多元主体在信息相对对称的条件下的合作博弈成为可能，以实现多方利益的平衡。

德国所有的企业都倡导推行高于环境底线的轻微绿色，尤其是对生产人们日常生活资料的企业。例如，在德国的超市中人们倾向于购买容易回收的商品，这必然要求供应商进行绿色生产，以带动整个产业链的绿色化。将环境保护纳入企业发展是企业主环境管理的最高层次，当它开展环保创新时会大幅度降低投资者的底线。例如，2006 年 1 月 25 日在德国环境保护署的倡导下，博世及西门子家用电器有限公司等，同意于 2015 年以前全面禁用全氟辛酸铵这一致癌物质，这就是企业的自愿性环境行动，也体现了企业的环境管理责任。同时，德国政府对采取环保技术措施的企业提供资金、技术、财税等方面的扶持，一方面缓解了成本压力，另一方面还提高了产品的综合质量，获得了更高的社会满意度，使企业无形中提升了自己的竞争力，抬高了进入壁垒。

从德国的治理经验可以看出，基于强制性特征以及命令和控制为手段只能对环境保护的末端治理发挥作用，其主要目标在于减低企业排污数量；而基于信任与自愿的伙伴治理机制则是主张以采取激励性措施为主，引导企业开展预防性环境管理。在企业中落实环境管理制度，强化企业生产过程中的环境管理责任，为政府与企业环境伙伴治理提供制度保障。在环境科学和管理工程的理论基础上，

运用行政、法律、经济、技术和教育等手段，限制损害环境质量的生产行为。企业的环境管理，是21世纪企业管理工作中的必要组成部分，渗透在企业的各项管理活动之中。最核心的包括环境规划、环境技术体系和环境管理体系等几个方面，我国要加快出台推动企业自主实施环境管理的相关财税金融政策和法律、法规，通过将环境成本转化为企业生产成本，推动企业进行创新，引导企业扩大竞争优势。为此要将约束性措施变为激励约束相融的措施，政府为自愿参加环境保护的企业，提供环保补贴、优惠税率等刺激性措施，充分利用各种手段鼓励企业加入政府主导的环保体系中。

下面以北京市农村生活垃圾的处理方式为例，进行概述。

一、垃圾分类

垃圾分类是生活垃圾减量化、资源化利用的基础，可以说势在必行。郊区的生活垃圾处置体系应该将生活垃圾严格分类，在此基础上，厨余垃圾的主要处理途径是堆肥、制作饲料；可回收垃圾主要由规范的再生资源回收网络体系进行回收利用；其他垃圾主要的处理途径是可燃部分焚烧发电，不可燃部分卫生填埋；有害垃圾主要的处理途径是安全填埋、焚烧。以焚烧厂为例，由于去除有机垃圾后的部分热值较高，焚烧发电能够产生较高的效益，能够减少此前的预处理成本，所以可以用能够接受的成本进行高水平的处理。显然，这样的技术路径会较有效率。

根据北京市委、市政府《关于全面推进生活垃圾处理工作的意见》精神，北京市农村地区也要建立生活垃圾分类投放、分类收集、分类运输、分类处理全过程管理体系。区县要结合实际成立相应机构，负责本区县垃圾减量、垃圾分类指导员队伍的组建和管理。乡镇要成立相应机构，负责垃圾减量、垃圾分类指导员队伍培训和管理等具体工作。社区居委会负责各有关试点小区内垃圾减量、垃圾分类指导员队伍日常管理工作。

二、堆肥和沼气

农村生活垃圾的就地消纳必须充分运用堆肥和沼气这两类实用技术，这也是垃圾就地处理、减量化的主要途径。在农村地区，建一个6~8立方米的沼气池，每天投入相当于4头猪的粪便发酵，所产生的沼气能解决4口人的家庭点灯、做饭等能源问题；每年可替代600~650千克的标准煤，提供农户70%~80%的生活能源。因此，沼气作为农村开发的核心工程技术，对促进农村经济和环境的“双赢”具有重要的意义。

目前我国常用的堆肥技术为两类：一是简易高温堆肥技术，其规模较小，机械化程度低，投资与运行费用低；二是机械化高温堆肥技术，其规模较大，采用间歇式动态好氧发酵工艺，有较齐全的环保措施。从20世纪80年代初到90年代中期，我国许多城市都建有此类堆肥厂，但出于堆肥很难找到好的出路，目前都已关闭。与其他肥料相比，堆肥的主要缺点是肥效较低，体积大，运输和施用成本较高。

但是，这并不意味着堆肥作为一种垃圾处置方式已没有了前途。堆肥处理厂的失败不在于技术，而在于指导思想和经济机制的不当。①堆肥的首要目的是生活垃圾处置，而不是生产一种可供销售的商品。②不能要求堆肥厂盈利，它的主要产品不是堆肥，而是向全社会提供的消纳垃圾的服务。③应该提倡实用技术，而不是耗资大的技术。

根据这些原则，推广堆肥的首要条件是建立转移支付制度，也就是说，如果堆肥厂消纳一定数量的垃圾，财政上应该按垃圾平均处置成本对堆肥场进行补贴。只有在这一制度下，堆肥和其他技术才能获得生存下去的动力。其次，堆肥的出路不应该寄希望于农民的购买，而是政府的购买。具体来说，堆肥应该施用于公共绿地、社区和小区绿地、单位绿地。

三、押金返还制

押金返还制简称押金制，它主要是针对产品消费后的废弃物而言的，可以是一些包装容器废弃物，如饮料瓶；也可以是废弃的产品，如汽车。除了包装容器废弃物外，废旧电池、汽车轮胎等押金制度也有研究和应用，玻璃瓶是押金返还制应用最多的一个种类。从经济原理上分析，押金如同预先支付垃圾处理收费，可以弥补垃圾不适当处理所造成的环境费用。押金系统的独特之处在于返还，它可以引导对垃圾的适当处理，防止环境损害的发生。从整个过程看，押金制有效地作用于潜在的污染者而不仅仅是惩罚真正的污染者，使用返还金可以奖励适当的行为。因此，押金制被认为是极为有效的防治污染的手段。在垃圾管理领域，对减量化和资源化有重要作用。

押金返还制系统有两个目的：最初的押金反映了处理成本，即不适当处理可能产生的潜在损害，起到了一种良好的抑制消费的作用；交还产品后返还的押金，刺激消费者归还可再利用的产品，鼓励物质的再使用或循环利用，或者鼓励返还产品以安全处理，避免环境损害。押金或者相当于押金的预付处理费，可以在购买时向消费者征收或者在生产时向生产者征收；返还金或者相当于返还金的回收补贴可以支付给完成回收任务的消费者或者购进回收材料的生产者。

押金返还制的首要作用是促进重新使用和回收再利用，通过返还金的刺激，引导回收行为，从而降低了原生材料的使用量，减少垃圾的处理数量。与一般收集系统的回收率相比，押金返还制要高。押金返还制的第二个突出作用在于源削减。由于押金的存在，使产品售出时价格提高了，这会影响购买者的选择，限制对该产品的消费，起到源削减的作用。

四、源削减

源削减(Source Reduction)作为一项重要的垃圾减量化管理政策，正在日益受到重视。简单来说，源削减是指在垃圾形成之前采取各种措施减少垃圾的产生量。具体而言，生产者在设计、制造、销售产品或提供服务时，以及消费者在购买、消费商品和服务时，因考虑到环境因素而选择产生垃圾最少或产生的垃圾对环境危害较小的商品和服务，从而在垃圾产生源头避免或减少垃圾的产生量。

源削减的途径主要是产品再设计、延长产品的寿命、产品与包装物的重复使用。产品再设计是一项直接针对生产者的最前端的源削减措施。通过改变产品及包装物的设计进行源削减，可以降低材料及能耗，从而减少废物。再设计对减少材料的使用量及最终废物量有相当大的作用。例如，为达到源削减，采用的设计方法可以有：通过材料替代使产品或包装变轻（如用塑料及铝等轻质材料替代玻璃与钢），这种替代也包括使用柔性包装代替脆性包装；产品或包装可通过再设计而减少重量或体积；以无毒材料替代产品或包装中的有毒物质等。

延长产品的寿命，推迟产品进入城市垃圾流的时间，也相当于垃圾产生量的减少，是源削减的重要途径之一。无论是生产者还是消费者，各自都承担了延长产品寿命的部分责任。从生产者的角度而言，生产者可以将产品设计得使用期更长或易于修理，新产品的升级换代更多地通过增加功能性服务，而不是物质产品的频繁替换，这反映了循环经济中的功能导向的特点。从消费者的角度而言，树立简约的生活习惯，做到物尽其用，延长其使用寿命，同时减少一次性商品的消费，都是对垃圾减量做出的贡献。

与延长产品寿命类似，产品或包装的重复使用，推迟了它们最终必然作为垃圾而丢弃的时间，因为产品被重复使用时，相当于推迟了新产品的购置与使用。各种家用电器、家具等耐用物品的重复使用是非常普遍的。随着农村居民生活水平的提高，许多家庭存有许多潜在的废弃用品，虽然还没有废弃掉，尚未构成垃圾，但闲置于家中，成为潜在的垃圾源。这时需要建立和发展旧货市场，使这些废旧物品在旧货市场上流通，充分发挥其作用。

参考文献

［1］ 李锦菊，王向明，李建，胡晓兰．我国环境监测技术规范规划制订现状分析［J］．质量与标准化，2011（02）：555–560.

［2］ 万本太，蒋火华．论中国环境监测技术体系建设［J］．中国环境监测，2004（06）：1–4.

［3］ 陈计留．新形势下环境监测科技的发展现状与展望［J］．产业与科技论坛，2017（15）：26–29.

［4］ 詹秀娟．科技发展的生态建构［J］．中国社会科学院研究生院学报，2011（01）：76.

［5］ 吴宣，朱坦．我国开展科技发展环境影响评价的必要性探讨［J］．未来与发展，2011（02）：42–46.

［6］ 中华人民共和国科学技术部．关于印发洁净煤技术科技发展“十二五”专项规划的通知［J］．煤化工，2012（03）：59–62.

［7］ 田飞，王迎鑫．加快科技发展促进生态建设——解读党的十七大报告［J］．法制与社会，2009（04）：221.

［8］ 姚水红，任新钢．科技发展诱发的生态环境负效应及其制度改善［J］．科技进步与对策，2007（12）：16–19.

［9］ 齐杨，于洋，刘海江，董贵华，何立环，翟超英．中国生态监测存在问题及发展趋势［J］．中国环境监测，2015（06）：26–28.

［10］ 程继雄，张煦，黄霞．污染源监测存在问题及对策分析［J］．环境科学与技术，2015（S1）：343–414.

［11］ 牛航宇，陈善荣，徐琳，李林楠，高国伟，白煜．关于对环境监测人才队伍建设的几点思考［J］．中国环境监测，2015（03）：14–18.

［12］ 杜兵，孙海容，黄业茹．关于中国社会化环境监测机构监管的调研与建议［J］．中国环境监测，2015（05）：7–11.

［13］ 李国刚，赵岑，陈传忠．环境监测市场化若干问题的思考［J］．中国环境监测，2014（03）：53–56.

［14］ 蔡守秋．中国环境监测机制的历史、现状和改革［J］．宏观质量研究，2013（02）：4–9.

［15］ 徐丽．浅谈环境监测技术的现状和发展［J］．环境科学导刊，2010（S1）：21–25.

［16］ 曲小溪，杨晓强．中国环境监测仪器仪表市场现状浅析［J］．中国仪器仪表，2010（07）：37–39.

［17］ 但德忠．我国环境监测技术的现状与发展［J］．中国测试技术，2005（05）：16–19.

［18］ 毕晓博．京津冀区域环境监测协同法律制度研究［D］．保定：河北大学，2017.

［19］ 王超．热电厂环境自动监测系统的研究及应用［D］．北京：华北电力大学，2016.

［20］ 赵逸．环境空气质量监测社会化的法律保障［D］．北京：首都经济贸易大学，2016.

［21］ 王英．论我国环境污染责任保险制度的构建［D］．兰州：甘肃政法学院，2015.

［22］ 奚旦立．环境监测［M］．北京：高等教育出版社，2004.

［23］ 沈丹．探讨我国环境监测技术的现状及未来发展［J］．山东

工业技术，2017（20）：88.

［24］ 张玄，李岩.我国环境监测技术问题及对策分析［J］.资源节约与环保，2016（11）：73.

［25］ 唐兴基.关于我国环境监测问题的思考［J］.中小企业管理与科技（下旬刊），2016（08）：69–70.

［26］ 赵梓梁.我国环境监测现状分析及发展对策［J］.资源节约与环保，2016（06）：49–52.

［27］ 马晓晓，方土，王中伟，张春娣.我国环境监测现状分析及发展对策［J］.环境科技，2012（02）：132–135.

［28］ 张晓民.环境监测现状分析及发展对策［J］.资源节约与环保，2016（02）：95.

［29］ 吴文晖，于勇，雷晶，张利飞，张朔.我国环境监测方法标准体系现状分析及建设思路［J］.中国环境监测，2016（01）：18–22.

［30］ 康晓风，于勇，张迪，王光，翟超英.新形势下环境监测科技发展现状与展望［J］.中国环境监测，2015（06）：26–28.

［31］ 王磊，秦宏伟，陈璐，刘俊华，王剑，王玉涛，高磊.环境监测技术及其体系的现状及发展趋势［J］.化学分析计量，2015（04）：103–106.

［32］ 王振湘.环境监测与环境影响评价之间相互关系［J］.化学工程与装备，2013（07）：226–228.

［33］ 万本太.中国环境监测方略［M］.北京：中国环境科学出版社，2005.

［34］ 邓勃.分析测试数据的统计处理方法［M］.北京：清华大学出版社，1995.

[35] 中国环境监测总站《环境水质监测质量保证手册》编写组.环境水质监测质量保证手册[M].北京：化学工业出版社，1994.

[36] 国家环境保护局，《空气和废气监测分析方法》编写组.空气和废气监测分析方法[M].北京：中国环境科学出版社，1990.

[37] 朱华清.环境监测数据自动统计处理模型的研究与实现[D].景德镇：景德镇陶瓷学院，2007.

[38] 李文琛.基于多传感器数据融合的无线环境监测系统[D].南京：南京理工大学，2014.

[39] 彭卫发.基于WEB的区域环境监测管理系统设计与实现[D].成都：电子科技大学，2013.

[40] 贾志军.环境监测管理信息系统的设计与实现[D].成都：电子科技大学，2012.

[41] 李学威.基于物联网的环境监测系统研究[D].新乡：河南师范大学，2012.

[42] 于婷.环境监测实验室信息管理系统研究与设计[D].成都：电子科技大学，2013.

[43] 吉军凯.我国环境监测中存在的问题及对策研究[D].郑州：郑州大学，2012.

[44] 吴意跃.环境监测信息系统开发和应用的研究[D].杭州：浙江大学，2001.

[45] 王寅清.农村环境管理体制研究[D].开封：河南大学，2012.

[46] 林可也.完善我国环境管理体制的法律思考[D].上海：华东政法大学，2008.

［47］ 张东晨．我国环境管理体制问题研究［D］．保定：河北大学，2014.

［48］ 李喻洁．变革我国环境管理体制的法律思考［D］．长沙：湖南大学，2008.

［49］ 曹飞．我国农村环境管理体制法律问题研究［D］．重庆：重庆大学，2009.

［50］ 乔刚．环境管理体制若干问题探讨［D］．武汉：武汉大学，2005.

［51］ 王罗春．环境影响评价［M］．北京：冶金工业出版社，2012.

［52］ 杨建初．循环经济读本［M］．广州：中山大学出版社，2011.

［53］ 袁广达．环境会计与管理路径研究［M］．济南：经济科学出版社，2010.

［54］ （美）B. 盖伊・彼得斯．政府未来的治理模式［M］．北京：中国人民大学出版社，2001.

［55］ 王树义．环境法系列专题研究［M］．北京：科学出版社，2006.

［56］ 李挚萍．环境法的新发展［M］．北京：人民法院出版社，2006.

［57］ 王曦．国际环境法［M］．北京：法律出版社，2005.

［58］ 潘伟杰．制度、制度变迁与政府规制研究［M］．上海：上海三联书店，2005.

［59］ （美）保罗・R. 伯特尼，（美）罗伯特・N. 史蒂文斯．环境保护的公共政策［M］．上海：上海人民出版社，2004.

［60］ 黄霞，常纪文．环境法学［M］．济南：机械工业出版社，2003.